P4编程入门

潘卫平 龚志敏 著

U0386889

清华大学出版社
北京

内 容 简 介

网络技术是云计算的关键技术之一，可编程交换芯片技术是网络领域近年来比较有影响力的新技术，是软件定义网络（Software Defined Network，SDN）理念的进一步发展，也是走向网络全组件可编程的必由之路。

P4 语言是可编程交换芯片的标准编程语言，风格类似于 C 语言。借着可编程交换芯片的发展契机，P4 语言从可编程交换芯片、可编程网卡逐渐扩展到 FPGA（现场可编程门阵列）、DPDK（Data Plane Development Kit）、eBPF（扩展伯克利包过滤器）等，初步展现成为网络数据面统一编程语言的潜质。

本书共分为 6 章。第 1 章介绍可编程交换芯片的产生背景、实现原理、特点和优势；第 2 章概述 P4 语言的特点，介绍 P4 编程架构，并以一个 P4 版"hello,world"程序展示 P4 语言的各个编程要素；第 3 章详细介绍 P4 语言，包括数据类型、表达式、语句等，并重点介绍与可编程交换芯片相关的重要组件；第 4 章介绍 P4 编程环境的搭建，方便读者进行实践操作；第 5 章通过 13 个精心设计的 P4 编程实例，帮助读者掌握 P4 编程的核心概念和技术；第 6 章介绍可编程交换芯片的实战项目，帮助读者在实际的学习工作中灵活应用可编程交换芯片技术。

本书面向高等学校计算机网络方向的本科生、研究生，以及云计算、互联网企业中的网络研发工程师、架构师，也可供对可编程交换芯片、P4 语言感兴趣的读者学习参考。

图书在版编目 (CIP) 数据

P4编程入门 / 潘卫平，龚志敏著. -- 北京：清华
大学出版社，2024. 12. -- ISBN 978-7-302-67755-0
Ⅰ. TP312
中国国家版本馆CIP数据核字第202459HM18号

责任编辑：安　妮　李　燕
封面设计：刘　键
责任校对：王勤勤
责任印制：丛怀宇

出版发行：清华大学出版社
　　　　　网　　　址：https://www.tup.com.cn, https://www.wqxuetang.com
　　　　　地　　　址：北京清华大学学研大厦A座　　　　邮　　　编：100084
　　　　　社 总 机：010-83470000　　　　　　　　　　邮　　　购：010-62786544
　　　　　投稿与读者服务：010-62776969, c-service@tup.tsinghua.edu.cn
　　　　　质量反馈：010-62772015, zhiliang@tup.tsinghua.edu.cn
印 装 者：北京同文印刷有限责任公司
经　　销：全国新华书店
开　　本：185mm×260mm　　　印　　张：15.25　　　字　　数：371千字
版　　次：2024年12月第1版　　　　　　　　　　　印　　次：2024年12月第1次印刷
印　　数：1~1500
定　　价：79.00元

产品编号：101558-01

前 言

为什么要写这本书?

2022 年夏天，我们回顾过去两年多从事有关 P4 语言和可编程交换芯片的研发项目，有一个很深的体会，那就是"科学技术是第一生产力"。

我们之前长期从事网关研发工作，硬件平台是高性能服务器和高性能网卡，软件平台是高性能数据平面开发套件及 Linux 内核协议栈。受限于平台本身，网关性能有限且不稳定。首先是单台设备的性能有限，目前主流网关的带宽只能达到 50Gb/s 或者 200Gb/s，很难有数量级的提升。其次是每次更新硬件时，例如更换不同型号的网卡或者 CPU，转发性能都会发生变化，有时会变好，有时会变差，因此每次都要重新进行一遍性能优化工作才能确保得到预期的性能。最后是在同样配置下，遇到不同类型的流量，网关性能也会产生较大的波动。例如，受 CPU Cache 的影响，包长较长的报文，转发性能相对较差。

这种状况在 P4 和可编程交换芯片出现之后有了很大的变化。使用 P4 和可编程交换芯片，可以在交换机上实现网关的功能，带宽较之前提升一个数量级，即从百吉比特每秒（Gb/s）提升至太比特每秒（Tb/s）级别，并且转发性能也很稳定，一般在平均 256 字节包长时便可以达到线速。另外，芯片升级过程也比较平滑，如从 3.2Tb/s 升级至 6.4Tb/s，除端口数量增加 1 倍之外，其他地方（包括 P4 程序等）基本不需要变化。

当一种新的技术取得一个数量级的优势时，它便会展现极强的生命力。

但是学习 P4 和可编程交换芯片有两个难点。第一个难点是 P4 语言是一个领域特定语言（Domain Specific Language，DSL）。P4 语言本身并不复杂，有 C 语言知识的读者基本就能直接读懂 P4 源代码。但是 P4 面向的是可编程交换芯片领域，而可编程交换芯片是用在交换机中的，这导致 P4 语言不可避免地涉及很多交换机研发的知识和概念。

P4 语言处于网络研发和交换机研发的交叉点上，因此开发人员既要掌握网络开发的知识，理解业务逻辑，熟悉各种网络协议的处理，又要掌握部分交换机研发的知识，熟悉交换机的计算资源和存储资源的使用。本书从网络开发者的视角，将交换机研发的专业知识去粗取精、融会贯通，简洁明了地表述出来，配合 P4 相关的编程知识，一起呈现给读者。

第二个难点是 P4 语言相关资料繁杂。每种资料其实都是有上下文的，编者刚开始学习时，因为没有厘清 P4 语言和可编程交换芯片发展的脉络，所以容易如坠迷津，不知所云。编者经过长时间的阅读、思考、摸索、实践、再阅读、再思考，才逐渐整理出一个比较清晰的发展脉络。

编者希望这本书能降低初学者学习 P4 的门槛，提供一份 P4 学习地图，既能高屋建瓴、总揽全局、仰观宇宙之大，又能细致入微、鞭辟入里、俯察品类之盛。

本书面向的读者

本书面向高等学校计算机网络方向的本科生、研究生，为他们写程序、做实验、写论文提供帮助。本书面向云计算、互联网企业中的网络研发工程师，为他们开展 P4 相关项目提供参考。本书面向对 P4 语言感兴趣的技术专家和架构师，为他们进行项目方案选型提供新的思路。

一点说明

本书共分为 6 章，第 1 章介绍可编程交换芯片的产生背景、实现原理、特点和优势，第 2 章介绍 P4 语言的特点和 P4 编程架构，第 3 章详细介绍 P4 语言，第 4 章介绍如何搭建 P4 编程环境，第 5 章通过编程实例介绍 P4 编程的核心概念和技术，第 6 章介绍 P4 和可编程交换芯片的实际项目。本书的开发环境和实例代码的下载地址可扫描下方二维码获取。

配套资源

本书第 1 章、第 2 章、第 5 章和第 6 章由潘卫平编写，第 3 章和第 4 章部分内容由龚志敏编写，其余部分由潘卫平编写。全书由潘卫平统稿。

非常幸运躬逢信息化和云计算的时代，感谢百度公司提供的良好的工作环境，也感谢编辑安妮、李燕为本书所做的细致而专业的工作。受到编者认知层次、技术水平、写作能力以及时间的限制，本书难免有错误或者不准确的地方，欢迎读者指正，联系方式可从本书配套资源压缩包中获取，不胜感谢。

编者

2024 年 6 月

目　录

第1章 可编程交换芯片概述

要学习 P4 语言，需要先掌握可编程交换芯片的基础知识。可编程交换芯片是交换芯片领域一个新的发展趋势，并且已经拓展到可编程网卡领域，进而组成一个端到端的可编程网络。本章将介绍可编程交换芯片的产生背景、发展过程、实现原理、特点优势和应用场景。

1.1 可编程交换芯片产生的背景

1.1.1 可编程交换芯片是 SDN 发展过程的自然产物

从互联网诞生的背景看，分布式架构是互联网天生的基因。分布式架构要求整个网络没有中心节点，在部分节点不能正常工作时，剩余的节点也能正常通信。这就要求各种网络设备（如交换机、路由器等）一旦配置完成，便能够独立工作，所以对网络设备制造商而言，只需要遵循标准的网络协议规范，便可以与其他厂商的网络设备正常通信，至于网络设备内部，各个厂商可以自己决定其实现细节。

交换机中最核心的部分就是交换芯片。交换芯片一般采用专用集成电路（Application Specific Integrated Circuit，ASIC）实现。ASIC 芯片的开发周期较长，一般需要 12 ~ 18 个月，设计一旦完成，就不能增加新的功能。

从 20 世纪 70 年代开始到 2000 年，这 20 多年网络的发展有两个特点：一是带宽越来越大，端口速率从百兆、千兆，提升到 1Gb/s、10Gb/s；二是网络协议标准的数量极速增长，从几百个增长到几千个。

网络设备制造商一方面不断提升交换芯片的集成度，不断提升端口速率；另一方面不断增加交换芯片的功能，支持新的网络协议。如此，经过长时间的发展，网络设备越来越固化，越来越封闭，控制面和数据面紧紧耦合在一起。网络研究者发现，不论是设备厂商还是网络管理员，都不愿意实验新的网络协议和网络技术，因为他们不想承担用生产环境的流量做实验的风险。

为了激发网络领域的创新和活力，斯坦福大学于 2006 年开展了一项名为 Clean Slate（重新开始）的研究计划，该计划的目标非常宏大，力图重塑互联网。受 Clean Slate 项目的启发和影响，2008 年，Nick McKeown 等提出了控制面和数据面分离的概念：OpenFlow。研究者发现，虽然各种网络设备形态各异，但是几乎都包含了相同的机制——三态内容寻址存储器（Ternary Content Addressable Memory，TCAM），用于三态匹配并执行特定动作。研究者通过使用 TCAM，匹配特定网络流量，然后执行特定动作。匹配什么特征的流量，由控制面决定；报文匹配后执行什么样的操作，由数据面决定。如此，控制面与数据面的耦合度大幅降低，既可以将实验性流量与生产环境的流量进行分离，隔离线上风险，又可以尝试新的网络协议和网络技术，推动新技术的发展。

2009 年，Nick McKeown 等正式提出了软件定义网络（Software Defined Network，SDN）的概念，其中控制面与数据面分离是 SDN 的核心思想，OpenFlow 作为控制面与数据面的接口被学界和业界广泛接受。SDN 架构如图 1-1 所示。

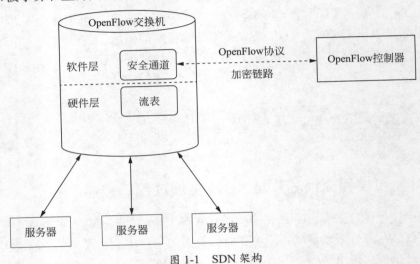

图 1-1　SDN 架构

但 SDN 技术还是做了妥协，它只解决了控制面与数据面分离的问题，数据面还是使用传统的商业交换机和路由器，新的网络协议和网络技术在数据面的创新工作仍然受到了很大程度的制约。

2013 年，Nick McKeown 等将注意力重新放到了数据面，引入了可重配置匹配表（Reconfigurable Match Table，RMT）模型，提出了可重配置交换芯片架构，在数据面引入可编程技术，极大地方便了新的网络技术和网络协议的开发和验证工作。

可重配置交换机具备以下特征。

（1）允许在不更换硬件的前提下，重新定义数据面的功能。

（2）允许对报文任意字段进行匹配和修改。

可重配置交换芯片后来被称为可编程交换芯片（Programmable Switch Chip），它的特点是数据面可以根据程序重新配置，这与传统交换芯片有本质的不同。可编程交换芯片，将交换芯片的数据面功能统一抽象为匹配 – 动作表（Match-Action Table），其中匹配字段（Key）、动作（Action）和表项容量由用户数据面程序定义，表项的内容由用户的控制面程序下发，极大地提升了交换芯片的可编程性，可以灵活地满足各种不同业务场景的功能需求。

之所以将这种芯片称为可编程交换芯片，是为了与传统的交换芯片进行区别。但是传统交换芯片在一定程度上也是可以编程的，只是灵活性差一些罢了。因此，准确地说，可重配置交换芯片应该被称为"可灵活编程的交换芯片"。本书依照惯例沿用"可编程交换芯片"的叫法，部分文章中也会出现"可编程芯片"的说法，它们的含义是相同的。

2013 年 5 月，Nick McKeown、Pat Bosshart 等联合成立了 Barefoot Networks 公司（2019 年被 Intel 收购），该公司主要从事可编程交换芯片以及相关软件的研发工作。2016 年 6 月，Barefoot Networks 公司推出业界第一款可编程交换芯片 Tofino，实现了协议无关的交换机架构（Protocol Independent Switch Architecture，PISA），最高支持 6.4Tb/s 的转发速率。后续发布的 Intel Tofino 2 芯片，最高支持 12.8Tb/s 的转发速率。

自诞生起，可编程交换芯片就凭借其数据面可灵活编程的特点，在学界和业界产生了巨大的影响。可编程交换芯片是 SDN 发展过程的自然结果，又推动了 SDN 概念的进一步发展。

Nick McKeown 在 2019 年的 Open Networking Foundation Connect 会议上做了题为 "SDN Phase 3: Getting the humans out of the way" 的演讲，他将 SDN 的发展分为三个阶段，如图 1-2 所示。

图 1-2　SDN 发展的三个阶段

（1）在阶段一中，网络拥有者掌控软件，标志性概念及协议是 OpenFlow。

（2）在阶段二中，网络拥有者也能掌控报文处理，标志是 P4 可编程交换芯片、P4 可编程网卡。

（3）阶段三是全可编程网络，网络进入可验证的闭环发展阶段，程序员可以观测并验证报文的行为，发现控制面和转发面的代码 Bug 并进行及时修复。

在演讲中，Nick McKeown 引用了《软件定义网络之旅》一书的作者 John Donovan 的一句话，阐述了 SDN 的宗旨："The vendors have a stranglehold over me, my job is to break that stranglehold"。这句话翻译成中文就是"设备制造商给我施加了控制，我的工作就是打破这种控制。"

1.1.2　可编程交换芯片的发展是学界与业界互相促进的结果

可编程交换芯片，是学界和业界互相合作、互相促进的典范。关于可编程交换芯片的学术研究，催生了可编程交换芯片的产品；可编程交换芯片产品的出现，又推动研究者将可编程交换芯片在更多领域进行应用，产生了更多创新的项目，发表了更多创新的论文。促使可编程芯片产生的里程碑事件列举如下。

（1）2008 年，Nick McKeown 等发表论文 *OpenFlow: Enabling Innovation in Campus Networks*，提出了交换机控制面和数据面分离的思想，标志着 SDN 的诞生。

（2）2013 年，Pat Bosshart 等发表论文 *Forwarding Metamorphosis: Fast Programmable Match-Action Processing in Hardware for SDN*，提出了可重配置匹配表（RMT）架构，为可编程交换芯片的产生奠定了理论基础，并提供了详细的实现参考。

（3）2013 年，Nick McKeown、Pat Bosshart 等在美国加利福尼亚州的圣克拉拉市联合成立了 Barefoot Networks 公司，专注于可编程交换芯片及相关软件的研发。

（4）2014 年，Pat Bosshart 等发表论文 *P4: Programming Protocol-Independent Packet Processors*，提出了与协议无关的网络数据面编程专用语言 P4。

（5）2015 年，Lavanya Jose 等发表论文 *Compiling Packet Programs to Reconfigurable Switches*，探讨了可编程交换芯片的编译器的设计问题。

（6）2016 年 6 月，Barefoot 推出 Tofino 芯片，实现了 PISA 架构，使用 16nm 芯片工艺，可以达到 6.4Tb/s 的吞吐量。

可编程交换芯片产生后，学界对它产生了浓厚的兴趣，一方面是围绕可编程交换芯片的开发平台提出新的方案，对解析器、编译器、验证工具等进行改进；另一方面是不断扩展它的使用边界，提出了很多应用场景。其中比较具有代表性的是 Rui Miao 等在 2017 年发表的论文 *SilkRoad: Making Stateful Layer-4 Load Balancing Fast and Cheap Using Switching ASICs*，在交换机上实现了有状态的 4 层负载均衡功能，可以存储千万级的连接信息。

从 2017 年开始，国内公有云厂商（如 Ucloud 和阿里云等）第一时间开始尝试在网关中使用可编程交换芯片技术，主要用在专线网关或者虚拟路由网关上。

2021 年，Tian Pan 等发表论文 *Sailfish: Accelerating Cloud-Scale Multi-Tenant Multi-Service Gateways with Programmable Switches*，详细介绍了阿里云基于可编程交换芯片的虚拟路由网关的设计和实现。

另外，百度、腾讯、Ucloud、京东等互联网和云计算公司，也在不同的场合介绍了其可编程交换芯片大规模落地应用的情况，在网络领域掀起了 P4 旋风。

1.2 可编程交换芯片的实现原理

1.2.1 传统交换芯片存在的问题

传统交换芯片经过几十年的发展，具备了如下特点：市场规模大，产品线丰富，协议支持完整，系统稳定性强，生态成熟稳定。传统交换芯片流水线如图 1-3 所示。

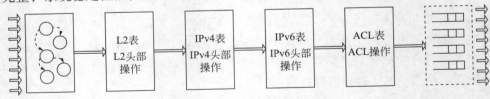

图 1-3 传统交换芯片流水线

传统交换芯片还有以下特点。

（1）功能固定：每个模块实现特定功能，不可更改。

（2）功能次序固定：每个模块前后次序固定，不可调整。

（3）资源基本固定：每个模块能够使用的资源是预先分配的，只能在很小的范围内调整。

以 Broadcom Tomahawk 交换芯片为例，它的编程接口如图 1-4 所示。

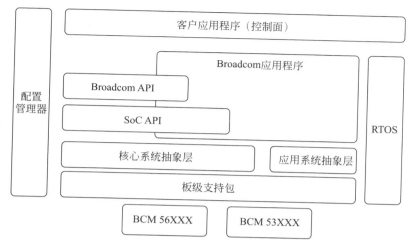

图 1-4 Broadcom Tomahawk 编程接口

Broadcom Tomahawk 交换芯片的流水线功能和顺序是固定的，用户只可以通过 SDK 提供的 API 接口进行配置。Broadcom SDK 已经集成了绝大部分交换机常用的功能，并实现了交换机需要支持的大部分网络协议，开发人员只需在原有框架的基础上，根据自己的实际需要，开启或关闭部分功能，调整某些表项的大小就可以了。对于开发功能完备的交换机来说，这种开发模式是非常高效的。

但是，如果开发者想要灵活地定义流水线的功能，或者想要灵活地分配存储资源，或者想要新增某些功能，这些都是无法轻易实现的。

具体来说，传统交换芯片在可编程性方面有以下两个主要的缺点。

1）传统交换芯片非常固化

传统交换芯片的设计是非常固化的，表的功能、匹配次序以及表的容量在芯片设计时就固定了，并且"匹配 – 动作"（Match-Action）操作只能在报文头部的特定字段上进行。这种方式严重缺乏灵活性。

以表项容量为例，核心路由器需要一个非常大的 32 位 IPv4 路由表，但是一个企业路由器需要一个非常大的 ACL 表，使用同一款传统交换芯片无法同时满足这两种需求。为满足不同需求设计生产不同的芯片是缺乏经济性的，因此设计交换芯片时只会考虑通用需求，不会为每种场景做定制和优化。

2）传统交换芯片支持的操作非常有限

传统交换芯片只支持固定的操作，如转发、丢弃报文、递减 TTL，增加 VLAN 头部、增加 GRE 封装等。这些操作抽象程度低，与协议耦合性强，可扩展性差。

设计并生产一款支持新功能的芯片，周期一般需要 12 ~ 18 个月，所以传统交换芯片如果要支持新的网络协议是需要很长时间的。例如，虚拟扩展局域网（Virtual eXtensible Local Area Network，VXLAN）协议是 VMware 和 Cisco 于 2011 年联合设计的，但是直到 4 年后，市场上才出现第一款支持 VXLAN 的交换机，因为支持 VXLAN 不仅需要软件上增加新的功能，还需要重新设计交换芯片，周期自然就会很长。

1.2.2 可编程交换芯片的设计目标

理想情况下，交换机硬件应能持续使用很多年。在此期间，必然会产生支持新的网络协议或者增加新功能的需求。研究者希望增加交换芯片的可编程性，具体来说，一款全新架构的交换芯片应能满足以下 4 方面的要求。

（1）允许在不重新设计芯片的前提下修改数据面的功能。

（2）在资源允许的范围内，程序员可以定义多个表，表的匹配字段、动作和表项容量都可以通过程序指定，表的数量与次序也可以通过程序指定。

（3）报文头部的定义可以被修改，可以增加新的字段。

（4）可以定义新的操作。

能够实现上述 4 方面要求的交换芯片就可以被称为可编程交换芯片。对于可编程交换芯片，如果需要支持新的网络协议，只需修改软件代码，然后将编译结果重新下发到可编程芯片中，数据面就可以支持新协议了，开发周期缩短到以周为单位，而不像传统交换芯片一样以年为单位。

可编程交换芯片更重要的意义在于全面实现 SDN，即软件定义网络，不仅可以定义网络的控制面，也可以定义网络的数据面。

传统交换芯片的设计是以协议为中心的，计算资源和存储资源都是围绕协议进行组织和分配的。例如，计算资源主要是对报文头部进行各种固定操作，如修改 MAC 地址、递减 TTL、查找路由表等；存储资源主要是 MAC 表、ARP 表、路由表、ACL 表等。

设计一款全新架构的可编程交换芯片，需要对传统交换芯片的架构进行更高层次的抽象，具体如下。

1）对交换芯片计算资源进行更高层次的抽象

从网络协议的角度来看报文，它是 MAC 头部、IPv4 头部、TCP 头部等协议数据，但是从更高层次的抽象角度来看，报文本身不过是二进制数据，于是交换芯片的计算操作便可以抽象成对二进制数据的位操作。二进制位的基本操作数量很少，也比较容易实现，只有与、或、非、异或、移位等。就像搭积木一样，二进制位的基本操作可以组合成稍微复杂一些的加、减、乘等较为复杂的操作，进而可以组合成具有协议处理含义的修改 MAC 地址、递减 TTL、进行 VXLAN 封装等更为复杂的操作。

2）对交换芯片存储资源进行更高层次的抽象

传统交换芯片的存储资源也是以协议为中心的，可划分为 MAC 表、ARP 表、路由表、ACL 表等，并且是固定切分的。但是，在实际场景中，需求各不相同，有些场景需要很大的 MAC 表，有些场景则需要很大的 ACL 表。存储资源的固定切分，势必造成同一款芯片无法灵活满足多个场景的需求。

对存储资源的更高层次的抽象，是将存储资源归一化，都看作是匹配 – 动作表，表的功能、匹配次序、表的容量以及表的数量都可以由程序指定，由编译器根据用户程序进行统一分配，从而实现资源的有效利用，满足不同场景的功能需求。

1.2.3　可编程交换芯片的参考实现——RMT 架构

可编程交换芯片有很多种，典型代表有 Intel 的 Tofino、Broadcom 的 Trident 和 Jericho、Juniper 的 Trio、Cisco 的 Silicon One 等。各个厂商实现可编程交换芯片的架构也各不相同。为了帮助读者深入理解可编程交换芯片的实现原理，本节以 2013 年 Pat Bosshart 等在 SIGCOMM 上发表的论文 *Forwarding Metamorphosis: Fast Programmable Match-Action Processing in Hardware for SDN* 中提出的 RMT 架构为例进行介绍。

RMT 虽然只是一个设计模型，并没有实际流片，但是介绍了很多交换芯片的设计细节，可以作为可编程交换芯片的一种有价值的设计参考。

为了介绍 RMT 架构，首先介绍几个基础概念。

1）阶段

流水线（pipeline）是提升芯片处理性能的一种重要技术。为了提升频率，流水线一般会根据指令执行步骤的计算复杂度划分为多个阶段（stage），分为物理阶段和逻辑阶段两个概念。与芯片实现相关的是物理阶段的概念，从程序员的角度看到的是逻辑阶段的概念。

2）包头部向量

在交换芯片中，阶段之间的数据传递，是通过包头部向量（Packet Header Vector，PHV）进行的。PHV 可以理解为 CPU 的寄存器，它有以下的特点。

（1）每个报文有自己独立的 PHV。

（2）PHV 通过一条总线，在流水线的各个阶段之间传递数据。

（3）PHV 的位宽比较大，一般可以达到 4096bit。

（4）PHV 既可以存储报文头部数据，也可以保存元数据。

（5）计算单元可以从 PHV 中读取数据，也可以将计算结果写回 PHV。

本节将从 6 方面来详细介绍 RMT 可编程交换芯片架构。

1. RMT 流水线设计

RMT 是一个单流水线架构，设计运行频率为 1GHz，支持 64 个 10Gb/s 的端口，支持 960Mpps 的转发性能。

RMT 流水线报文的处理过程可以分为 4 个步骤，如图 1-5 所示。

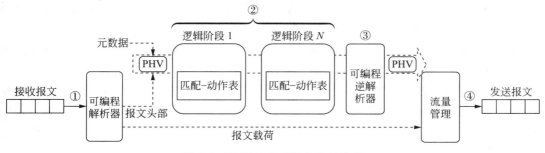

图 1-5　RMT 流水线报文处理过程

7

（1）报文进入可编程解析器（parser），报文拆分成报文头部和报文载荷两部分。解析器对报文进行解析和过滤，并把特定报文头部数据提取出来，保存到 PHV 中。报文头部的修改，主要是通过程序修改 PHV 中的字段实现的。报文载荷不经过流水线处理，直接到达流量管理模块。

（2）报文头部经过可编程的多级逻辑阶段处理。逻辑阶段是匹配 – 动作表的载体，负责进行报文处理操作。

（3）报文头部经过可编程逆解析器（deparser）处理，生成新的报文头部。

（4）报文头部到达流量管理模块，与报文载荷拼接产生完整的报文，然后发送出去。

RMT 中每一级流水线都可以被看作一个逻辑的匹配 – 动作阶段，每个阶段由表和动作组成，表的匹配字段、动作和表项容量都可以由程序指定。

为了进一步增加流水线的阶段数量，从而增加更多的逻辑，并且为了方便处理多播报文，RMT 在逻辑上将流水线分为入口流水线（Ingress Pipeline）和出口流水线（Egress Pipeline）两部分，各有 32 个阶段。从逻辑上看，在不回环的情况下，一个报文最多可以经过 64 级流水线的处理，从而支持对报文进行复杂的逻辑判断和操作。但是在物理实现上，为了节省硬件资源，这两种流水线共用统一的计算资源和存储资源。编译器会给计算资源和存储资源增加一个标记，来区分是由入口流水线使用还是由出口流水线使用。RMT 芯片架构如图 1-6 所示。

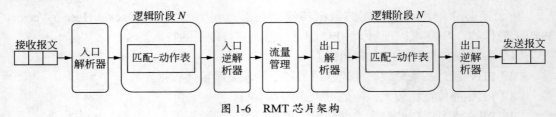

图 1-6　RMT 芯片架构

2. RMT 存储模块设计

为了实现对存储资源的更高层次的抽象，RMT 将存储资源（TCAM、SRAM）归一化，设计成与协议无关的匹配 – 动作表，表的匹配字段、动作和表项容量都可以由程序指定。

TCAM，即三态内容寻址存储器，所谓三态，是指查找结果分为命中状态（hit）、不命中状态（miss）以及不关心状态（don't care）。TCAM 在交换芯片中一般容量较少，主要用于存储需要最长前缀匹配或者三态匹配的表，如路由表、ACL 表等。

SRAM（Static Random Access Memory），即静态随机存取存储器，SRAM 在交换芯片中一般容量较大，主要用于存储需要精确匹配的表，如 MAC 表、ARP 表等。

存储资源由入口流水线和出口流水线共同使用。每个表都会增加一个标识，用于表示该资源是被入口流水线使用，还是被出口流水线使用。

RMT 设计了 32 个物理阶段，每个物理阶段包含 106 个 SRAM 块，每个 SRAM 块由 1K 个表项组成，每个表项宽度是 112bit。每个物理阶段包含 16 个 TCAM 块，每个 TCAM 块由 2K 个表项组成，每个表项宽度是 40bit。存储资源（TCAM、SRAM）平均分配在 32 个物理阶段上。

为了灵活分配存储资源，在流水线物理阶段的基础上，RMT 抽象出逻辑阶段的概念。

逻辑阶段是面向程序员的概念，它是匹配 – 动作表实现的载体。

假设有两个表，分别将它们命名为表 1 和表 2，其匹配字段分别为 key1 和 key2，动作则分别为 action1 和 action2。这两个表能否存储在同一个阶段的存储空间中，以及能否并行执行，取决于它们之间是否有依赖关系。

RMT 架构中一共分为 4 种依赖关系，如图 1-7 所示。

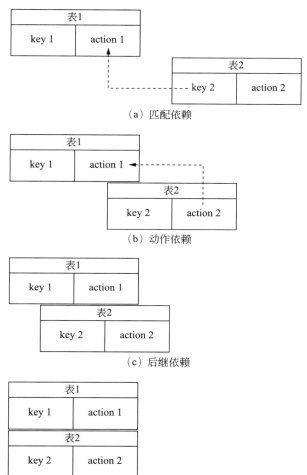

（a）匹配依赖

（b）动作依赖

（c）后继依赖

（d）没有依赖

图 1-7　匹配 – 动作依赖关系

（1）匹配依赖。如图 1-7（a）所示，即上一个表的动作会修改下一个表的匹配字段，这两个动作不能并行执行，需要放到两个不同的阶段上执行。假设 action1 会修改 key2 的数据，则表 2 与表 1 之间就产生了匹配依赖。

（2）动作依赖。如图 1-7（b）所示，即两个表的动作会修改同一个 PHV 字段，这两个动作允许部分并行。假设 action1 和 action2 都会修改 PHV 的同一个字段，则表 2 与表 1 之间就产生了动作依赖。

（3）后继依赖。如图 1-7（c）所示，当前匹配阶段的执行依赖于前一阶段的执行结果，就说明两个表存在后继依赖。例如，只有在表 1 命中的情况下才进行表 2 的执行，这样表 2

与表 1 之间就产生了后继依赖。此时表 2 和表 1 可以部分并行执行，但是需要妥善处理分支预测失败后的撤销问题。

（4）没有依赖。如图 1-7（d）所示，表 1 和表 2 之间没有任何关系，可以放到同一个逻辑阶段上并行执行。

逻辑阶段最终需要映射到物理阶段上。一个逻辑阶段可以映射到多个物理阶段上，从而占用更多的存储资源，实现更大的表项；多个逻辑阶段也可以在同一个物理阶段上并行处理，从而节省计算资源。从逻辑上看，相邻的物理阶段资源可以合并，组成更大的表。极端情况下，32 个物理阶段的存储资源可以组成一张最大的表。逻辑阶段到物理阶段的映射如图 1-8 所示。

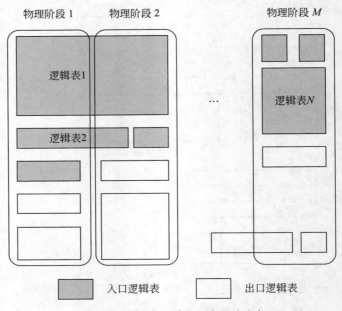

图 1-8　逻辑阶段到物理阶段的映射

每个存储表项都包含一个指针，指向动作指令和动作数据。动作指令定义要执行的动作，由程序指定，动作指令使用单独的存储空间。动作数据包含动作的参数，由控制面指定；动作数据是从每个阶段的 106 个 SRAM 块中分配的，占用 8 个 SRAM 块。

3. RMT 计算模块设计

为了做到协议无关，并对计算资源进行更高层次的抽象，RMT 设计了以位操作为主的指令集。

RMT 支持的指令集如表 1-1 所示，其中 S_i 表示源操作数，V_x 表示 x 是合法的（valid）。

表 1-1　RMT 支持的指令集

指令分类	描述
逻辑指令	and、or、xor、not
移位指令	signed/unsigned shift

续表

指令分类	描述
算术指令	inc、dec、min、max
存放字节指令	任意长度、任意偏移量
位掩码指令	$S_1\&S_2 | S_1\&S_3$
移动指令	如果 V_{S_1} 则 $S_1 \rightarrow D$

RMT 的指令属于超长指令字（Very Long Instruction Word，VLIW）指令，VLIW 指令限制为简单算术运算、逻辑运算、位操作，不能支持太复杂的操作，如加密或者正则匹配等。对于更复杂的操作，如 VXLAN 的封装，可以编译为多个 VLIW 指令。

在 RMT 架构中，"匹配 – 动作"是计算模块最基本的操作，其中匹配字段和动作都可以由程序员通过程序修改。

RMT 的每个物理阶段包含 200 个动作执行单元，芯片上一共包含超过 7000 个动作执行单元。

PHV 由 64 个 8bit、96 个 16bit 以及 64 个 32bit 组成，并且每个字段包含一个有效位标识。多个小的字段可以合并成一个大的字段，例如，两个 8bit 的字段可以合并成一个 16bit 的字段。对 PHV 的每个字段，RMT 提供了一个单独的处理单元，这样每个 PHV 的字段可以同时被修改。

RMT VLIW 动作架构如图 1-9 所示。

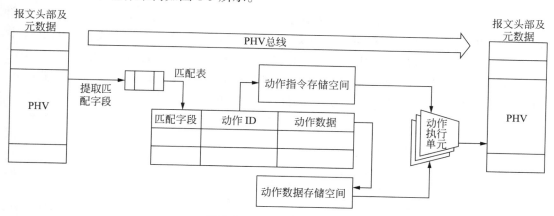

图 1-9　VLIW 的动作架构

查表结束后，会根据匹配的结果，从对应的动作数据空间和动作指令空间分别取得数据和指令，交由动作执行单元执行，执行的结果也保存在 PHV 中。

4. RMT 可编程解析器设计

RMT 支持 16 个解析器，每个解析器可以处理 40Gb/s 的带宽。

解析器根据程序指定的有向无环图，从报文的特定位置依次读取数据，并保存到 PHV 中。解析器的结果通过 PHV 输入流水线中。

假设解析器所能处理的报文应同时满足以下条件。

（1）第二层是以太网协议。

（2）第三层是 IPv4 协议。

（3）第四层是 TCP 或者 UDP 协议。

（4）除此之外，该解析器不处理其他类型的报文。

那么，该解析器对应的有向无环图如图 1-10 所示。

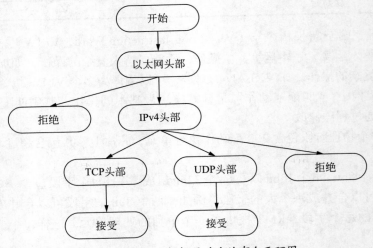

图 1-10　可编程解析器对应的有向无环图

RMT 的每个解析器包含一个 TCAM 表，该 TCAM 表一共有 256 个表项，每个表项的宽度是 40bit。它按照程序指定，从报文头部提取指定字段作为匹配字段，与 TCAM 中的内容进行匹配，如果命中，则执行对应的动作。该动作会更新解析器的状态，移动指定长度的数据，并将报文的一个或者多个字段的值保存到 PHV 中。然后重复进行上述动作，直到达到接受状态或者拒绝状态。可编程解析器模型如图 1-11 所示。

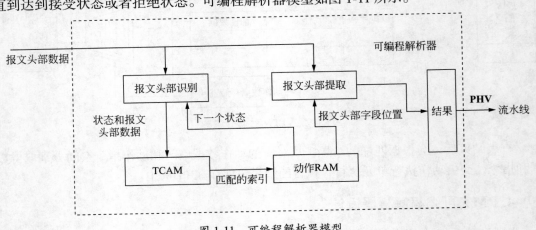

图 1-11　可编程解析器模型

5. RMT 芯片实现成本评估

提到可编程交换芯片，普遍存在一个误区，就是为了增强可编程性，可能需要付出

10 倍的代价，例如芯片面积要增加 10 倍，功耗要增加 10 倍。

　　但是，在 2013 年提出 RMT 架构的论文中，研究者经过详细评估，得出了一个重要结论：对于可编程交换芯片，在付出最多 15% 的成本的前提下，可以获得可编程性的极大提升。预估芯片面积和成本如表 1-2 所示。

表 1-2　预估芯片面积和成本表

部　　分	占整个芯片面积的百分比	增加的成本占总成本的百分比
输入 / 输出、缓存、队列、CPU	37.0%	0.0%
匹配内存与逻辑地址	54.3%	8.0%
VLIW 动作引擎	7.4%	5.5%
解析器与逆解析器	1.3%	0.7%

　　其中第 3 列，表示可编程芯片各部分增加的成本占整个芯片总成本的百分比。例如，"输入 / 输出、缓存、队列、CPU"部分较之前相比是没有变化的，因此成本增加 0%。"匹配内存与逻辑地址"较之前相比成本增加了 8.0%。为了增加可编程性，各部分成本增加之和大概为 14.2%。

6. RMT 架构的意义

　　RMT 架构是可编程交换芯片领域的一次大胆的探索，它实现了可编程交换芯片设定的 4 个目标，考虑了很多芯片设计和实现的细节，并预估了可编程交换芯片需要额外付出的代价。

　　RMT 架构为可编程交换芯片实际产品的设计和研发铺平了道路。2013 年，几乎在RMT 论文发表的同时，论文的三位作者 Nick McKeown、Martin Izzard 和 Pat Bosshart 成立了 Barefoot Networks 公司，专注于可编程交换芯片产品的研发。第一代 Tofino 芯片于 2016 年 6 月推出，采用了 16nm 工艺，可以达到 6.4Tb/s 的吞吐量。第二代 Tofino 芯片于 2020 年推出，采用了 7nm 工艺，可以达到 12.8Tb/s 的吞吐量。

1.2.4　可编程交换芯片与传统交换芯片的比较

　　可编程交换芯片与传统交换芯片相比，最大的不同点是它的数据面的功能是由 P4 程序定义的，可以灵活修改。传统交换芯片如图 1-12（a）所示，数据面是不可编程的；可编程交换芯片如图 1-12（b）所示，其数据面可以通过 P4 程序修改。

　　可编程交换芯片与传统交换芯片相比，具有以下 4 个特点。

　　（1）数据面可编程性。对于可编程交换芯片来说，它的流水线功能不再像传统交换芯片一样是固定的，而是可以通过 P4 程序灵活定义，这为网络研发人员添加新功能、支持新协议提供了极大的便利。

　　（2）存储资源可配置性。传统交换芯片的存储资源基本上是固定分配的，可编程交换芯片的存储资源可以由 P4 程序按需灵活分配。

　　（3）迭代周期。对传统交换芯片而言，如果硬件需要增加一个新功能，迭代周期一般需要 12 ~ 18 个月，而可编程芯片不需要修改硬件，只需要开发对应的 P4 程序，迭代周期缩短到以周来计算的数量级。

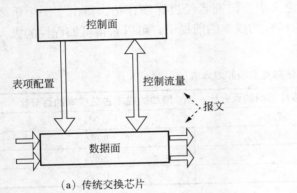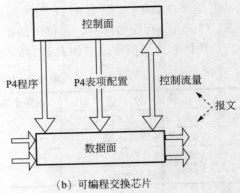

图 1-12　传统交换芯片与可编程交换芯片对比

（4）多场景的适应性。同一款可编程交换芯片可以通过不同的 P4 程序，适应不同场景的需求。而传统交换芯片一般需要多款不同类型的芯片才能适应不同场景的需求。

如果要实现一台交换机的大部分功能的话，使用传统交换芯片及其配套 SDK 是比较高效的，但假如要在交换机上实现可灵活定义的功能，或者自定义新的协议，那么使用可编程交换芯片是一个更好的选择。

最后补充一点，在可编程交换芯片概念出现以后，传统交换芯片也做了一些改变，增加了部分自定义表的功能，实现了"部分可编程"。这也是一个新旧技术相互影响与促进的例子。

1.3　可编程交换芯片的应用场景

可编程交换芯片的应用场景当前主要分为三类。

（1）传统交换设备功能的增强。实现传统交换设备不能实现或者很难实现的功能，如带内网络遥测（In-band Network Telemetry，INT）等。

（2）网关类应用。将原本在通用 CPU 上实现的软件网关的全部或者部分功能在可编程交换芯片上实现，利用其超大带宽的特点，降低网关系统成本。

（3）新型网络应用。拓展网络的功能边界，将原本在计算单元（CPU、GPU 等）实现的功能，在可编程交换芯片上实现，既可以降低时延，提升吞吐，又可以降低成本。

1.3.1　传统交换设备功能的增强

随着计算中心规模的不断扩大，公有云网络的复杂性日益加剧，人们对网络的可观测性、可预测性、可控制性产生了新的需求。INT 便是可编程交换芯片的杀手级应用之一。2020 年，The P4.org Applications Working Group（P4 应用工作组）发布了 *In-band Network Telemetry (INT) Dataplane Specification* 2.1 版本。INT 是一个在数据面对网络状态进行收集和汇报的框架，不需要控制面的干预。在 INT 架构中，报文头部可以携带遥测指令，这些指令可以在数据面进行解析和执行。网络状态信息可以单独由数据面直接发给监控系统，也可以写入报文中，在网络中继续传递。

INT 可以用于以下多个领域。

（1）网络故障定位。

（2）网络性能监控。

（3）更高级的拥塞控制。

（4）更高级的路由。

（5）网络数据面的验证。

2019 年，Yuliang Li 等在 SIGCOMM 会议上发表论文 *HPCC: High Precision Congestion Control*，介绍了阿里云在 RDMA 领域利用 INT 信息实现了新的拥塞控制算法，既可以快速收敛以适应流量的变化，充分利用空闲带宽，又能尽量在网络设备中保持接近于 0 的队列深度，避免拥塞并实现低延迟。

2022 年，Shuai Wang 等在 SIGCOMM 会议上发表论文 *Predictable vFabric on Informative Data Plane*，介绍了阿里云在可预期网络方面的最新进展，将 INT 信息的应用从 RDMA 领域扩展到更大的 DCN 领域。在该系统中，可编程技术从核心交换机（core Switch）拓展到宿主机的智能网卡（edge）。核心交换机向智能网卡定期发送 INT 信息，其中携带了链路状态信息和租户信息；智能网卡根据这些信息，进行链路选择，并调整发送速率，既能保证最低带宽，又能防止链路拥塞，保证长尾时延在固定范围之内。

1.3.2　网关类应用

可编程交换芯片当前最主要的应用场景是网关。这里的网关虽然英文仍是 Gateway，但是已经超越了网络互连、协议转换的原始含义了，指通常在 CPU 上实现的、以报文处理为主要工作的设备，如虚拟路由设备、负载均衡设备、流量检测设备等。

使用通用 CPU 实现的网关，即使基于高性能的 DPDK 平台，单机吞吐也只能达到 100Gb/s 的级别，但如使用可编程交换芯片，单机吞吐量可以达到 Tb/s 级别，提升了一个数量级。

如果所需的网关的逻辑比较简单，存储量也比较小，可编程网关可以作为一个独立的网关部署。如果所需的网关的逻辑比较复杂，存储量也比较大，可编程交换芯片可以结合通用 CPU、FPGA 等形成一个异构网关系统，充分利用各自的优势，互相弥补缺点，实现总成本的降低。

2011 年，Tian Pan 等联合在 SIGCOMM 会议上发表论文 *Sailfish: Accelerating Cloud-Scale Multi-Tenant Multi-Service Gateways with Programmable Switches*，介绍了阿里使用可编程芯片实现虚拟路由器的细节。

CPU 性能的增长速度相对于交换机端口速率的增长速度是很缓慢的。所以阿里的虚拟路由器采用了 Tofino 和 X86 服务器相结合的方式来实现，两者组成一个异构网关系统，单台设备的带宽从 100Gb/s 增长到 3.2Tb/s，丢包率从 $10^{-5} \sim 10^{-4}$ 下降到 $10^{-11} \sim 10^{-10}$，总成本下降了 90% 以上。

百度、腾讯、Ucloud 等公司在 EIP 网关、NAT64 网关、虚拟路由网关等场景也落地了可编程交换芯片的解决方案。

1.3.3 新型网络应用

In-Network Computing 可以被翻译为网内计算、在网计算或者网络计算，即将网络设备的功能拓展，实现一些"计算"功能。当然，这些"计算"与通用计算相比会受到一些限制。

在传统观念中，计算的工作由主机来完成，网络设备主要负责报文转发，但是有了可编程交换芯片之后，在网络设备上进行一些计算工作便成为一个新兴的领域。

下面列举了三个系统，这些系统都利用了可编程交换芯片技术进行加速，取得了不错的效果。

（1）SwitchML：将机器学习中的聚合操作在可编程交换芯片上实现。

（2）NetCache: 将 key-value 存储在可编程交换芯片上以缓存的方式实现。

（3）P4DNS: 在可编程交换芯片上实现了 DNS 服务。

1.4 本章小结

本章先介绍了可编程交换芯片产生的背景、发展过程，并以 RMT 架构为例，介绍了可编程芯片的实现原理，然后将可编程交换芯片与传统交换芯片进行了对比，并对可编程交换芯片的应用场景进行了分类介绍。

第 2 章　P4 语言概述

2019 年 2 月，图灵奖得主 John L. Hennessy 和 David A. Patterson 在 ACM 通讯上联合撰文 *A New Golden Age for Computer Architecture*，将领域特定架构（Domain-Specific Architectures，DSA）和领域特定语言（Domain-Specific Languages，DSL）作为未来计算机体系结构发展的重点领域。作为 DSL 的一个例子，该文也列出了 P4 语言。那么，P4 语言是怎样诞生的呢？

有了数据面可编程的芯片，自然需要针对它的编程语言。从 2013 年开始，Nick McKeown 等一边在开发 Tofino 芯片，一边考虑如何对其编程的问题：是使用现成的语言，如 C 语言、Verilog 语言，还是单独设计一种新的语言呢？

考虑到可编程交换芯片是一个报文处理的特定领域，并不是一个通用的计算领域，所以设计一个只针对可编程交换芯片的新型高级语言，是比较合理的选择。2014 年，针对可编程交换芯片的语言 P4 正式发表。P4 是缩写，其完整名称为：Programming Protocol-Independent Packet Processors。从 P4 的命名来看，强调了协议"无关"这个特性，即不与任何特定的网络协议进行绑定，能够支持所有网络协议。

P4 语言是可编程交换芯片的标准编程语言。截至目前，P4 语言主要有两个版本的规范：$P4_{14}$ 和 $P4_{16}$。$P4_{14}$ 是 2014 年发表的，$P4_{16}$ 是 2017 年发表的。其中 $P4_{16}$ 规范使用比较广泛，本书主要介绍 $P4_{16}$ 规范，其规范文档为：$P4_{16}$ Language Specification 1.2.3 版本。

本章将对 P4 语言的特点、开发流程、编程架构等进行概述，并通过一个"hello,world"实例程序介绍 P4 编程的基本概念。

2.1　P4 语言的特点

P4 语言是针对报文处理领域设计的专用语言，代码风格类似 C 语言。本节将从以下三方面详细介绍 P4 语言的特点。

1）P4 语言的设计目标

P4 语言设计时主要有以下三个目标。

（1）可重配置：可以对可编程交换芯片的数据面进行灵活的编程。

（2）协议无关：不与任何特定网络协议绑定。

（3）硬件无关：报文处理功能与底层硬件无关。

笔者认为，P4 语言在设计时应该还有一个重要的目标，即降低学习门槛。因为 C 语言使用广泛，学习者众多，并且开源网络项目中大量程序是用 C 语言编写的，如 Linux 内核的网络子系统、DPDK、Open vSwitch 等，所以 P4 被设计成一种风格类似于 C 语言、专门用于报文处理的语言。

2）P4 语言与可编程交换芯片的关系

严格来说，P4 语言与可编程交换芯片并不是绑定的关系。因为在 2016 年，Barefoot 推出了业界第一款可编程交换芯片 Tofino，并支持 P4 语言编程，所以会给人一种印象，即 P4 只能用于可编程交换芯片，或者可编程交换芯片只能用 P4 编程，但这是错误的。

实际上，P4 语言不仅可以用在 Tofino 上，也可以用在支持 P4 的网卡上，或者其他支持 P4 的软件平台上，如 DPDK、eBPF 等。

反过来说，Tofino 只是可编程芯片的一种，不同厂商提供了多种可编程芯片。对于开发语言，不同厂商提供了不同的选择。如 Broadcom Trident 4 使用网络编程语言（Network Programming Language，NPL）编程，Juniper 的 Trio 芯片支持一种类似于 C 语言的名为 Microcode 的语言。

不过从现状来看，不论学界还是业界，"Tofino 可编程交换芯片 +P4 语言"这一组合的应用是比较广泛的。

3）P4 程序开发流程

P4 是一种编译型语言。程序经过编译器的编译，转换成芯片可以直接执行的二进制机器码，然后由芯片直接运行。P4 编译器采用典型的前后端分离的架构，后端与具体芯片密切相关。芯片厂商一般会提供相应的编译器。

下面以开源的 P4 编译器 p4c 为例介绍 P4 编译流程，如图 2-1 所示。

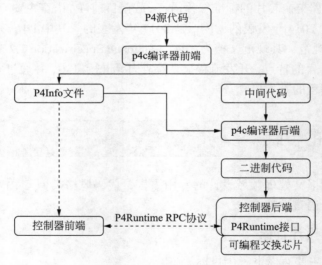

图 2-1　P4 编译流程

P4 源代码首先经过 p4c 编译器的前端编译，转换成中间代码，以及 P4Info 文件。其中 P4Info 文件用于控制面对芯片表项进行增删查改操作。中间代码经过 p4c 编译器的后端编译，生成具体芯片可以运行的二进制代码。该二进制代码可由 P4Runtime 接口下发到芯片中直接运行。

2.2　P4 语言规范

P4 语言自从诞生之初就很注重标准化工作，以避免发展演进当中引进不必要的混乱。P4 目前一共有两个主要的版本，P4$_{14}$ 和 P4$_{16}$。P4$_{14}$ v1.0.0 版本于 2014 年发布，P4$_{16}$ v1.0.0 版本于 2017 年发布。P4$_{16}$ 使用较为广泛。本书主要参考 P4$_{16}$ Language Specification 1.2.3 版本，该规范使用 Apache License 2.0 开源协议。

P4 语言规范的发展历史如表 2-1 所示。

表 2-1　P4 语言规范的发展历史

发布时间	说　明
2014 年 7 月	P4 第一篇论文 *P4: Programming Protocol-Independent Packet Processors* 发表
2014 年 8 月	P4$_{14}$ 规范草案 0.9.8 版本发布
2014 年 9 月	P4$_{14}$ 规范 1.0.0 版本发布
2016 年 12 月	P4$_{16}$ 规范草案发布
2017 年 5 月	P4$_{16}$ 规范 1.0.0 版本发布
2022 年 7 月	P4$_{16}$ 规范 1.2.3 版本发布

2.3　P4 编程架构

P4 是一个领域特定语言，专用于报文处理这个特定领域。这个领域主要包含交换机和网卡，两者在报文处理过程中既有很多相似之处，也有一些不同点，所以开放网络基金会（Open Networking Foundation，ONF）分别定义了 PSA（Portable Switch Architecture）和 PNA（Portable NIC Architecture）两种不同的架构。

P4 编程架构涉及三个容易混淆的概念，下面将分别介绍。

（1）P4 语言：P4 语言是面向程序员的接口，程序员使用 P4 语言定义可编程硬件的行为。

（2）P4 Target：P4 Target 指一个具体的执行 P4 程序的报文处理系统，可以是硬件芯片，也可以是软件。

（3）P4 Architecture：报文处理需要用到很多组件，如 parser、deparser、ingress、egress、packet buffer 等。这些组件，有的是可编程的，有的是不可编程的，逻辑次序也不一样。P4 Architecture 从抽象角度定义了各个组件的数量以及次序关系。P4 Architecture 是 P4 程序与 Target 之间的一种"约定"，是联系两者的桥梁。

P4 语言、P4 Architecture、P4 Target 是三种不同层次的概念，它们之间的关系如图 2-2 所示。

不同厂商的硬件可以定义不同的 P4 Architecture，具体可以查看厂商提供的参考手册。下面详细介绍两种 P4 Architecture，第一种是便携式交换机架构（Portable Switch Architecture，PSA），第二种是 v1model。

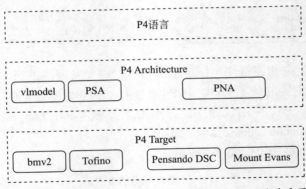

图 2-2　P4 语言、P4 Architecture、P4 Target 之间的关系图

1. PSA 架构

PSA 是 P4$_{16}$ Portable Switch Architecture 规范中定义的可编程交换芯片的目标架构。PSA 流水线如图 2-3 所示。

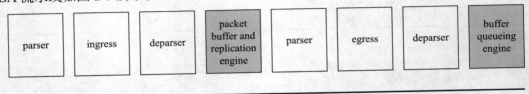

图 2-3　PSA 流水线

PSA 流水线分为 ingress 和 egress 两部分，每部分都有 parser 和 deparser，这 4 部分都是可编程的。灰色的部分分别是包缓存与复制引擎和缓冲区排队引擎，它们是不可编程的。

2. v1model 架构

v1model 是一种软件可编程交换芯片的参考架构，实现载体是 BMv2 软件交换机。v1model 流水线如图 2-4 所示。

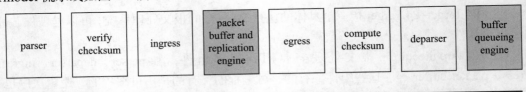

图 2-4　v1model 流水线

v1model 流水线也分为 ingress 和 egress 两部分，ingress 中有 parser，egress 中有 deparser。v1model 中有两个与报文校验和相关的组件，一个是 verify checksum，负责报文校验和的检查，另一个是 compute checksum，负责报文的校验和的计算与更新。灰色的部分分别是包缓存与复制引擎和缓冲区排队引擎。

对比图 2-3 与图 2-4，可以看到，v1model 与 PSA 具有以下几个显著差异。

（1）v1model 在 ingress 阶段没有 deparser。

（2）v1model 在 egress 阶段没有 parser。

（3）v1model 有单独的校验和验证、计算和更新阶段，但是 PSA 没有这两个阶段，而是将这两个阶段的功能合并在 parser/deparser 中。

3. P4 编程架构中各功能组件介绍

接收报文（packet in），可能从交换机物理端口、CPU 端口，以及交换机 Loopback 口接收报文；发送报文（packet out），可能将报文发送至交换机物理端口、CPU 端口，以及交换机 Loopback 口。下边对报文可能经过的可编程交换芯片的各个功能组件进行简单介绍。

1）parser

parser 组件主要用于报文解析，并将报文头部的数据提取到 PHV 中，送到流水线中进行处理。parser 组件可以过滤需要处理的报文，并对报文的合法性（校验和、长度等）进行检查，丢弃不需要处理的非法报文。

parser 可以分为 ingress parser（入口解析器）和 egress parser（出口解析器）。所有架构都有 ingress parser，但不是所有架构都有 egress parser。

2）deparser

deparser 组件用于发送包。它可以将包头部按照需求进行组合，然后将其发送出去。deparser 在这一过程中可以进行校验和的计算及更新。

deparser 可以分为 ingress deparser（入口逆解析器）和 egress deparser（出口逆解析器），但不是所有架构都有 ingress deparser。

3）ingress

这里的 ingress 是指 ingress pipeline，即入口流水线。

流水线是对交换芯片中的计算资源和存储资源的一种抽象，实现了匹配–动作表功能。一个交换芯片可以只有一条流水线，也可以有多条流水线。

4）egress

这里的 egress 是指 egress pipeline，即出口流水线。

为什么要有单独的出口流水线呢？这是基于：

（1）便于计算包在包缓存与复制阶段的排队时间。

（2）便于灵活高效地处理多播包。

5）Packet Buffer and Replication Engine（PRE）

包缓存与复制引擎。包缓存的主要作用是尽量避免因包数量突增而导致的拥塞丢包。报文复制主要是实现多播和广播功能。

6）Buffer Queueing Engine（BQE）

缓冲区排队引擎。该引擎主要用于报文的缓存和发送。报文发送的目的端口可能是交换芯片的某个物理端口，也可能是 CPU 端口，或者交换芯片的 Loopback 端口。

为了便于设计高效的报文调度算法，减少因拥塞而触发的丢包，在出口流水线阶段是不能修改报文的出端口的，报文的出端口一般只能在出口流水线阶段之前进行修改。

2.4 P4 报文路径

报文在可编程交换芯片流水线中可能经过多种不同的路径。在介绍报文路径之前，先解释几个相关的概念。

（1）port：报文接收的端口或者发送的端口。

（2）CPU port：CPU 端口。芯片与交换机 CPU 之间一般通过 PCIE 总线连接，对芯片来说，这也是一个端口；对 CPU 来说，它是一个 PCIE 设备。芯片通过 CPU port 发送报文给 CPU，或者接收来自 CPU 的报文。

（3）单播报文与多播报文：单播报文是指报文只转发一份；多播报文是指一个报文被复制成多份，发往多个不同的接收方。

（4）clone：报文复制。

（5）resubmit：报文重新提交。

（6）recirculate：报文回环。

（7）报文出端口选择：报文出端口是在 ingress 中确定的，egress 中是不能修改报文的出端口的。唯一的例外是在 egress 中做报文复制（clone）操作，此时报文出端口是在 egress 进行报文复制时确定的。

（8）PRE 模块：负责报文的缓存，以及多播报文的复制。

为了简化图形表示，对报文路径涉及的名词进行了缩写，如表 2-2 所示。

表 2-2　报文路径名词缩写表

缩　　写	英文描述	中文描述	报文来源	报文目的
NFP	normal packet from port	从端口接收的正常报文	port	ingress parser
NFCPU	packet from CPU port	从 CPU port 接收的报文	CPU port	ingress parser
NU	normal unicast packet	从 ingress 发往 egress 的正常报文，这里的"正常"报文，是相对于"多播"报文而言的	ingress deparser	egress parser
NM	normal multicast-replicated packet from ingress to egress	从 ingress 发往 egress 的多播报文	ingress deparser	egress parser
NTP	normal packet to port	发往端口的正常报文	egress deparser	port
NTCPU	normal packet to CPU port	发往 CPU port 的正常报文	egress deparser	CPU port
RESUBMIT	resubmitted packet	重新提交的报文	ingress deparser	ingress parser
CI2E	clone from ingress to egress	从 ingress 复制到 egress 的报文	ingress deparser	egress parser
RECIRCULATE	recirculated packet	回环的报文	egress deparser	ingress parser
CE2E	clone from egress to egress	从 egress 复制到 egress 的报文	egress deparser	egress parser

PSA 架构中的报文路径如图 2-5 所示。

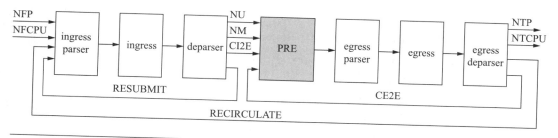

图 2-5　PSA 架构中的报文路径示意图

下面列举几个常见的报文路径：

（1）单播报文转发路径：NFP → ingress parser → ingress → ingress deparser → NU → PRE → egress parser → egress → egress deparser → port。

（2）上送 CPU 的单播报文路径：NFP → ingress parser → ingress → ingress deparser → NU → PRE → egress parser → egress → egress deparser → CPU port。

（3）从 CPU 发送的单播报文路径：NFCPU → ingress parser → ingress → ingress deparser → NU → PRE → egress parser → egress → egress deparser → port。

（4）ingress 重新提交的单播报文路径：NFP → ingress parser → ingress → ingress deparser → ingress parser → ingress → ingress deparser → NU → PRE → egress parser → egress → egress deparser → port。

（5）egress 回环的报文路径：NFP → ingress parser → ingress → ingress deparser → NU → PRE → egress parser → egress → egress deparser → ingress parser → ingress → ingress deparser → NU → PRE → egress parser → egress → egress deparser → port。

（6）多播报文路径：NFP → ingress parser → ingress → ingress deparser → NM → PRE（产生多份报文）→ egress parser → egress → egress deparser → port。

（7）ingress 报文复制路径：NFP → ingress parser → ingress → ingress deparser → CI2E → PRE（产生两份报文）→ egress parser → egress → egress deparser → port。

（8）egress 报文复制路径：NFP → ingress parser → ingress → ingress deparser → NU → PRE → egress parser → egress → egress deparser → CE2E，此时报文复制一份，原始报文通过 egress deparser 直接发往 port，复制的报文的路径 egress parser → egress → egress deparser → port。

在 PSA 架构中，收到一个报文，对应地可能发送 0 个、1 个或者多个报文。报文路径如图 2-6 所示。

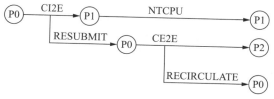

图 2-6　报文路径示意图

假设交换机从 2 号端口接收一个报文，记为 P0。

（1）P0 经过 ingress，复制一个报文（CI2E），发往 CPU port，记为 P1；原始报文 P0 经过报文重提交（RESUBMIT），重新进入 ingress parser 处理。

（2）P0 再次经过 ingress，到达 egress，又复制了一份报文（CE2E）。新复制的报文记为 P2，重新进入 egress parser 处理；原始报文 P0 经过报文回环（RECIRCULATE），重新进入 ingress parser 处理。

（3）P0 第三次进入 ingress parser，经过流水线处理后，可以通过某个端口发送出去，也可以继续重复（1）中的操作。

（4）P2 重新进入 egress parser，经过流水线处理后，可以通过某个端口发送出去，也可以继续重复（2）中的操作。

> **注意**：PSA 中没有设计强制的机制预防报文无限循环或者无限复制的情况。P4 程序可以设计类似 TTL 的 metadata 字段预防此类情况的发生。

2.5 P4 "hello, world" 实例程序

本节通过一个完整的 P4 实例程序，展示如何进行 P4 语言编程。可以把该实例程序看成 P4 的 "hello,world" 程序，但在 P4 编程架构的背景之下，它可能看上去有点复杂。

该程序的作用是匹配目的 MAC 地址为 "0x112233445566" 的以太网报文，然后将该报文的目的 MAC 地址改为 "0xAABBCCEEDD02"，并通过 2 号端口发送出去。程序代码如下所示：

```
#include <core.p4>
#include <v1model.p4>

typedef bit<48>       EthernetAddress;

header Ethernet_h {
    EthernetAddress dstAddr;
    EthernetAddress srcAddr;
    bit<16>         etherType;
}

struct metadata { }

struct headers {
    Ethernet_h eth;
}

parser MyParser(packet_in packet,
        out headers hdr,
        inout metadata meta,
        inout standard_metadata_t standard_metadata) {
    state start {
```

```
            packet.extract(hdr.eth);
            transition accept;
        }
    }

    control MyChecksum(inout headers hdr, inout metadata meta)
    {
        apply { }
    }

    control MyIngress(inout headers hdr,
            inout metadata meta,
            inout standard_metadata_t standard_metadata) {
        action Set_dstAddr() {
            hdr.eth.dstAddr = 0xaabbccddee02;
            standard_metadata.egress_spec = 0x2;
        }

        table mac_match_tbl {
            key = {
                hdr.eth.dstAddr : exact;
            }
            actions = {
            Set_dstAddr;
            NoAction;
        }

            const entries = {(0x112233445566) : Set_dstAddr(); }
            //size = 1024;
            default_action = NoAction();
        }
        apply {
            mac_match_tbl.apply();
        }
    }

control MyEgress(inout headers hdr,
        inout metadata meta,
        inout standard_metadata_t standard_metadata) {
    apply { }
}

control MyDeparserChecksum(inout headers hdr, inout metadata meta)
{
    apply { }
}

control MyDeparser(packet_out packet, in headers hdr) {
    apply {
        packet.emit(hdr.eth);
    }
```

```
    }

V1Switch(
    MyParser(),
    MyChecksum(),
    MyIngress(),
    MyEgress(),
    MyDeparserChecksum(),
    MyDeparser()
) main;
```

实验步骤如下所示。

（1）访问 P4 沙盒实验平台（网址参见本书配套电子资源）。

（2）删除 P4 Program 下的全部程序，把上面的 P4 代码输入进去。

（3）删除 Input Packet 下的全部数据，将以下数据复制进去：1122 3344 5566 aabb ccdd ee01 0800 4500 0028 0001 0000 4006 74c9 0101 0102 0202 0202 2710 0050 0000 0000 0000 0000 5002 2000 627c 0000。这是一个从 1.1.1.2 发到 2.2.2.2 的 TCP 报文，源 MAC 地址为 aa:bb:cc:dd:dd:01，目的 MAC 地址为 11:22:33:44:55:66。

（4）单击"Evaluate!"按钮，会看到以下输出，如图 2-7 所示。这表示第一个 P4 语言的"hello,world"程序运行成功。

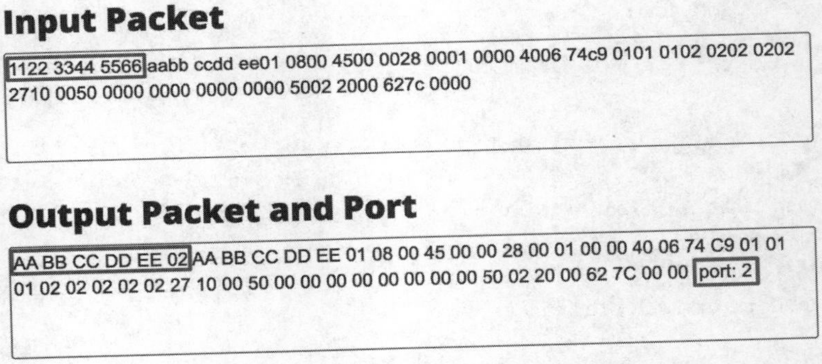

Input Packet

1122 3344 5566 aabb ccdd ee01 0800 4500 0028 0001 0000 4006 74c9 0101 0102 0202 0202 2710 0050 0000 0000 0000 0000 5002 2000 627c 0000

Output Packet and Port

AA BB CC DD EE 02 AA BB CC DD EE 01 08 00 45 00 00 28 00 01 00 00 40 06 74 C9 01 01 01 02 02 02 02 02 27 10 00 50 00 00 00 00 00 00 00 00 50 02 20 00 62 7C 00 00 port: 2

图 2-7 P4 "hello, world" 程序的输出结果

下面详细分析 P4 的"hello,world"程序。

（1）P4 沙盒验证平台。

为了免于搭建 P4 开发环境，P4 "hello, world" 程序直接使用一个在线的 P4 验证平台，该平台是交互式的 Web 页面，可以用它来学习 P4 的语法和功能，并验证 P4 程序的正确性。

该平台的缺点是缺少单独的控制面，因此 P4 的"hello, world"程序中使用了常量表项，这样就不需要通过控制面下发表项。

（2）P4 的"hello, world"程序使用 v1model 架构。

P4 程序是针对特定架构的，可通过引用不同架构的头文件来指定相应的架构，代码如下所示。

```
#include <core.p4>
#include <v1model.p4>
```

从 p4c 代码仓库中,可以找到 core.p4 文件(可从本书配套电子资源中获取 p4c 代码仓库的网址)。该文件是 P4 公共核心库的头文件,主要对 match_kind、packet_in、packet_out 等数据结构和方法进行了定义。其中 match_kind 定义的代码如下所示。

```
match_kind {
    /// 精确匹配
    exact,
    /// 三态匹配
    ternary,
    /// 最长前缀匹配
    lpm
}
```

从 match_kind 的定义中可以看出,P4 核心库支持三种匹配模式:精确匹配(exact)、基于三态内容寻址存储器的匹配(ternary)和最长前缀匹配(lpm)。这三种匹配模式是每个 Target 都要支持的。

#include <v1model.p4> 表示这个 "hello, world" 程序针对的是 v1model 架构。

从 p4c 代码仓库中可以找到 v1model.p4 文件,该文件中包含对 v1model 的关键的数据结构,如 standard_metadata、V1Switch 等的定义,可供参考。

(3)定义类型。

P4 的 "hello,world" 程序只修改了报文的以太网头部,所以在程序中主要定义了以太网头部。

① 定义类型别名。

为了书写简单,并增加程序的可读性,将 48 位的 MAC 地址通过类型别名的方式定义为 EthernetAddress。

```
typedef bit<48> EthernetAddress;
```

② 定义以太网报文头部 Ethernet_h。

在网络报文处理过程中,报文头部的定义是非常重要的,并且在 P4 中隐含实现了对报文头部的特殊操作,这部分内容在第 3 章中将会详述。P4 的 "hello,world" 例子中对报文头部的定义如下:

```
header Ethernet_h {
    EthernetAddress dstAddr;
    EthernetAddress srcAddr;
    bit<16>         etherType;
}
```

这里只定义了一个以太网报文头部,其中,dstAddr 表示 48 位目的 MAC 地址;srcAddr 表示 48 位源 MAC 地址;etherType 表示以太网上一层的报文类型,16 位,如果是 IPv4 报文,其值为 0x0800。

因为本例中没有用到 IPv4 头部、TCP 头部等,所以为了简单起见,略去了它们的定义。

③ 定义报文头部 headers。

```
struct headers {
    Ethernet_h eth;
}
```

```
    }
```

struct headers 要将 P4 程序能够处理的所有报文头部的类型都枚举出来，这里因为 P4 的 "hello,world" 程序只需要处理以太网头部，其余的报文头部不需要处理，所以这里只需要列出以太网头部即可。

（4）定义 metadata。

```
struct metadata { }
```

所谓 metadata，可以理解为 C 语言的局部变量，用 PHV 承载。由于本程序不需要，所以将其定义为空。但是，一般程序都需要定义 metadata，并且会频繁使用 metadata，具体情况详见第 5 章内容。

（5）定义 MyParser。

以下代码定义了一个 parser：

```
parser MyParser(packet_in packet,
        out headers hdr,
        inout metadata meta,
        inout standard_metadata_t standard_metadata) {
    state start {
        packet.extract(hdr.eth);
        transition accept;
    }
}
```

packet 表示接收到的原始报文，在 MyParser 中，将接收到的报文通过 extract 操作将以太网头部提取出来并放到 hdr.eth 中，方便后续处理。

（6）定义 MyChecksum。

以下代码实现了报文校验和的校验工作，为了简单，这里函数体实现为空，表示不对报文的校验和进行校验，代码如下所示：

```
control MyParserChecksum(inout headers hdr, inout metadata meta){
    apply { }
}
```

（7）定义 MyIngress。

以下代码实现了 ingress 流水线，主要是 MAC 地址匹配表：

```
control MyIngress(inout headers hdr,
        inout metadata meta,
        inout standard_metadata_t standard_metadata) {
    action Set_dstAddr() {
        hdr.eth.dstAddr = 0xaabbccddee02;
        standard_metadata.egress_spec = 0x2;
    }

    table mac_match_tbl {
        key = {
            hdr.eth.dstAddr : exact;
        }
```

```
        actions = {
            Set_dstAddr;
            NoAction;
        }

        const entries = {(0x112233445566) : Set_dstAddr() ; }
        //size = 1024;
        default_action = NoAction();
    }
    apply {
        mac_match_tbl.apply();
    }
}
```

　　MyIngress 是程序的主体部分，也是匹配 – 动作表实现的主要载体。在这里定义了一个表，名为 mac_match_tbl。它的匹配字段（key）是 hdr.eth.dstAddr，匹配类型是 exact，即精确匹配。它的动作（action）有两种：第一种叫 NoAction，它是在 core.p4 文件中定义的，表示对报文不做任何处理；第二种叫 Set_dstAddr，它将报文的目的 MAC 地址修改为 0x:AA:BB:CC:DD:EE:02，并将发送端口修改为 0x2。

　　在匹配 – 动作表中的表项，即 key 和 actions，一般由控制面指定。但是在 P4 的 "hello, world" 程序中，为了简化，没有通过控制面指定 actions，而是通过定义常量表项（const entry）技术，直接用 P4 程序指定：

```
const entries = {(0x112233445566):Set_dstAddr();}
```

　　这里通过 P4 程序定义了一个常量表项，key 是 0x112233445566，actions 是 Set_dstAddr。

　　（8）定义 MyEgress。

　　以下代码实现了 egress 流水线，为了简单起见，这里将其定义为空：

```
control MyEgress(inout headers hdr,
        inout metadata meta,
        inout standard_metadata_t standard_metadata) {
    apply { }
}
```

　　（9）定义 MyDeparserChecksum。

　　在发送报文之前，如果 P4 程序修改了报文头部，一般要重新进行校验和计算。P4 的 "hello,world" 程序只对以太网头部进行了修改，对 IPv4、TCP 等头部没有修改，所以不需要重新进行校验和计算，这里将其定义为空，代码如下所示：

```
control MyDeparserChecksum(inout headers hdr, inout metadata meta)
{
    apply { }
}
```

　　（10）定义 MyDeparser。

　　以下代码实现了一个 deparser，deparser 负责报文头部的重组和发送：

```
control MyDeparser(packet_out packet, in headers hdr) {
    apply {
        packet.emit(hdr.eth);
    }
}
```

MyDeparser 负责报文的发送，这里将修改过的以太网头部通过 emit 操作发送出去。需要特殊说明的是，以太网头部之后的数据，也会隐式地发送出去，不需要显式指定。

（11）package V1Switch 实例化。

在 v1model.p4 中，可以看到 V1Switch 的定义如下所示：

```
package V1Switch<H, M>(Parser<H, M> p,
                       VerifyChecksum<H, M> vr,
                       Ingress<H, M> ig,
                       Egress<H, M> eg,
                       ComputeChecksum<H, M> ck,
                       Deparser<H> dep
                       );
```

P4 语言中使用 package 来表示报文处理的完整的过程，它将 parser、deparser、control 等有机组合在一起。

在 P4 的"hello,world"程序中，通过以下代码将其实例化：

```
V1Switch(
    MyParser(),
    MyChecksum(),
    MyIngress(),
    MyEgress(),
    MyDeparserChecksum(),
    MyDeparser()
) main;
```

从 P4"hello,world"程序中可以看到，针对 v1model 架构，一个完整的 P4 程序需要包含 parser、verify checksum、ingress、egress、compute checksum、deparser 这 6 部分，这 6 部分都是可编程的，相互配合实现一个完整的功能。

2.6 P4 学习资料

P4 的推广过程有一个显著的特点就是开源，大部分文档与代码都是开源的。读者在学习时可以参考以下资料。

（1）P4 官网。

p4.org（地址可从本书配套电子资源中获取）是 P4 的大本营，可以找到有关 P4 的各种资料，包括有关 P4 的简介、语言规范、工作组、出版物、生态、代码仓库、入门指南、博客和论坛以及相关活动等。

（2）P4 Workshop。

P4 Workshop 由开放网络基金会（ONF）举办的，每年一届，至今已成功举办 8 届。

第一届 P4 Workshop 于 2015 年在斯坦福大学举办。

P4 Workshop 在世界各地还有分会，第五届 Euro P4 于 2022 年 12 月 9 号在意大利罗马举行，第一届 P4 中国峰会则于 2017 年 5 月 8 日在北京举行。

P4 Workshop 为 P4 的普及和推广起到了非常重要的作用。

可从本书配套电子资源中获取 P4 Workshop 的相关资料。

（3）SIGCOMM 会议提供的 P4 教程。

自 2017 年开始，每届 SIGCOMM 正式会议开始之前，都会开设 P4 相关的入门辅导，这一环节极大地促进了 P4 的普及和推广。

2.7　P4 语言的发展前景

自从 2016 年 Barefoot 推出 Tofino 可编程交换芯片之后，Juniper、Broadcom、Cisco 等网络交换设备厂商也推出了多种可编程交换芯片，如 Juniper 推出了 Trio 芯片，Broadcom 推出了 Trident 4 芯片，Cisco 推出了 Silicon One 芯片，这一切共同推动了可编程交换芯片技术的发展。

同时，可编程的概念也迅速拓展到网卡上，产生了可编程网卡。2020 年，Pensando Systems 公司推出了 Distributed Services Card，将可编程技术在网卡上实现。该公司于 2022 年被 AMD 收购。2021 年，Intel 推出了 Mount Evans，同样在网卡上集成了可编程流水线。

可编程交换机、可编程网卡都在快速发展，SDN 正在向第三个阶段即全可编程网络全速前进，这为 P4 语言的发展提供了难得的契机，促进了 P4 语言的普及和发展。

同时，支持 P4 语言的 Target 也在不断增多，除了可编程交换机和可编程网卡之外，DPDK、eBPF、VPP 等软件报文处理框架也开始支持 P4 编程，甚至某些 FPGA 芯片都开始支持 P4 编程。P4 逐渐展现出成为网络数据面统一编程语言的潜质。

2.8　本章小结

P4 语言是可编程交换芯片的标准编程语言。本章介绍了 P4 语言的产生背景、设计目标、编程架构，并通过一个 P4 版本的 "hello,world" 实例程序，向读者展示了一个完整 P4 程序的各个组成部分。最后，为了方便读者学习，本章对 P4 的学习资料进行了汇集，并对 P4 语言的发展前景进行了展望。

第3章 P4 语言详解

从词法、语法、语句等语言要素看，P4 语言与 C 语言极其相似，这极大地降低了初学者的学习门槛。计算机语言的核心要素是数据类型、表达式和语句。不同的数据类型，支持不同的操作。一个或者多个操作组合在一起，组成表达式。本章也会按照这个顺序，依次介绍 P4 语言的核心要素。

因为 P4 是针对报文处理领域的专用语言，所以加入了一些与报文处理相关的数据类型和表达式。本章会重点介绍这些与报文处理相关的知识。

本章主要参考 P4$_{16}$ Language Specification 1.2.3 版本的内容，该规范使用 Apache License 2.0 开源协议。为了方便读者与规范中的内容进行对照学习，本章在介绍 P4 语言时尽量引用规范中的例子。

3.1 P4 语言概述

3.1.1 P4 语言的关键字

P4 语言定义了 40 个关键字，如表 3-1 所示。

表 3-1 P4 关键字

分 类	关 键 字
数据类型	action、bit、bool、control、enum、error、false、header、header_union、int、match_kind、package、parser、state、struct、table、true、tuple、value_set、varbit、void
类型修饰符	abstract、const、extern、in、inout、out、type、typedef
语句	else、exit、if、return、select、switch、transition
操作	apply、verify
其他	default、this

从表 3-1 中可以看到很多熟悉的关键字，如 if、else、return、bool、false、true、void、int、const、struct 等，这些关键字的含义与它们在 C 语言中的含义基本一致。

P4 中也定义了一些新的关键字，如 header、table、action、apply、control、parser 等，这些是针对报文处理的需要新加入的，后边会着重介绍它们的含义和用法。

3.1.2 P4 语言的数据类型

和 C 语言类似，P4 是一种强类型语言，所有数据都需要定义类型，表达式的求值规则也取决于数据类型。

P4 语言的数据类型可以分为三类。

（1）基本数据类型：如整型、布尔类型等。

（2）复合数据类型：由基本数据类型组合而成的数据类型，如 enum、struct、header 等。

（3）其他数据类型：一些辅助程序编译的数据类型，例如集合 set 等。

> **注意**：P4 语言中没有指针。P4 语言中没有对程序员暴露内存地址的概念，P4 中的变量不能通过指针访问，只能通过名字（标识符）访问。

鉴于后文中经常用到左值的概念，这里先介绍一下。左值（Left-Values）也可以写作 L-value、Lvalue 或者 lvalue。左值是指一个可以被赋值的对象，一般出现在赋值操作符（=）的左边，所以称为左值。在 C 语言中，左值具有内存地址，可以进行取地址运算。但是在 P4 语言中没有内存地址的概念，所以在 P4 语言中，左值一般表示一个可以被赋值的变量。

3.2 P4 语言基本数据类型及其表达式

P4 语言的基本数据类型主要包括整型和布尔类型，其中整型分为无符号整型和有符号整型。

P4 语言因为是报文处理专用的，不需要与输入输出设备进行交互，因此不包含字符类型、字符串类型以及相关操作。

3.2.1 无符号整型

P4 语言专门处理报文，而报文处理最主要的是处理报文的协议头部，协议头部的字段主要是无符号整型，所以无符号整型是 P4 编程中最常用的数据类型。例如 IPv4 头部的源地址和目的地址字段是 32 位无符号整型，TCP 头部的源端口号和目的端口号字段是 16 位无符号整型。

1. 无符号整型的定义

P4 语言无符号整型变量的定义格式如下：

```
bit<W> v;
```

其中，W 是 width 的缩写，称为位宽，表示该无符号整型变量的二进制位数。W 是常量表达式，其值必须是正整数。

从字面上来看，bit<W> 表示一个长度为 W 的位序列，所以无符号整型也被称为"位串"（bit strings）。位串内部有 W 个位，按照从 0 到 W−1 的编号顺序排列，第 0 位是最低有效位，第 W−1 位是最高有效位。

例如下列代码所示：

```
bit<8> v = 0x80;
```

bit<8> v 定义了一个位宽是 8 位的无符号整型变量 v。变量 v 一共有 8 位，第 0 位是 0，第 7 位是 1。

> **注意**: 在 C 语言中，无符号整型用 unsigned 来修饰，但在 P4 中是没有这个关键字的。

虽然 P4 在语法上支持任意大小的位宽，但是实际上会受到编译器以及 Target 的限制，如果长度超出支持的范围，程序在编译时会报错。

使用 p4c 编译器，Target 是 BMv2 的情况下，尝试定义宽度为 80000 的无符号整型，代码如下所示：

```
bit<800000> v = 0x80;
```

编译器报错信息如下所示：

```
p4c-bm2-ss --p4v 16 --p4runtime-files
build/helloworld.p4.p4info.txt -o build/helloworld.json
helloworld.p4
[--Werror=unsupported] error: bit<800000>: Compiler only
supports widths up to 2048
make: *** [../../utils/Makefile:43: helloworld.json] Error 1
```

编译器提示只能支持最长 2048 位的无符号整型。

2. 无符号整型支持的操作

1）赋值操作

无符号整型支持赋值操作。在把一个 bit<W> 类型的变量赋值给另一个 bit<W> 类型的变量时，要求两个变量的位宽相同。如果两个变量的位宽不相同，那么需要执行显式地强制类型转换。

2）算术运算

（1）加法：使用 + 表示，计算结果是无符号整型，位宽与操作数相同。当把计算结果赋值给另一个位宽较小的无符号整型时，超出的高位部分会被截断。

（2）减法：使用 – 表示，计算结果是无符号整型，位宽与操作数相同。计算过程是把第二个操作数取反之后与第一个操作数相加。

（3）乘法：使用 * 表示，计算结果是无符号整型，位宽与操作数相同。当把计算结果赋值给另一个位宽较小的无符号整型时，超出的高位部分会被截断。特定 P4 架构可能引入额外的限制，例如可能只允许和 2 的幂次方相乘。

（4）饱和加法：使用 |+| 表示。

（5）饱和减法：使用 |–| 表示。

饱和计算是指，假如结果超过了位串宽度支持的最大值或者最小值，则计算结果取位串宽度支持的最大值或者最小值。例如，对于一个计算结果是 8 位的无符号整型，如果计算结果的真实值是 258，则实际值是 255。

P4 规范并未定义无符号整型是否支持除法操作，编程时需要参考具体的编译器手册。

3）位运算

（1）按位与：使用 & 表示，对两个相同宽度的位串执行按位与操作。

（2）按位或：使用 | 表示，对两个相同宽度的位串执行按位或操作。

（3）按位取反：使用 ~ 表示，对一个位串按位取反。

（4）按位异或：使用 ^ 表示，对两个相同宽度的位串执行按位异或操作。

（5）逻辑左移和逻辑右移，使用 << 和 >> 表示。右操作数必须是非负整型字面量，或者是一个位串的表达式。计算结果和左操作数的类型相同。如果移动位数超过了左操作数的宽度，计算结果是全 0。

4）关系运算

关系运算如下：

（1）判断相同宽度的位串是否相等，使用 == 表示，结果是布尔类型。

（2）判断相同宽度的位串是否不相等，使用 != 表示，结果是布尔类型。

（3）判断相同宽度的位串的大小关系，使用 <、>、<=、>= 符号，结果是布尔类型。

> **注意**：对于某个位串操作，如果它要求相同宽度，那么其隐含的意思是指，如果宽度不同，则不允许进行相应计算的，除非进行显式类型转换。例如，一个 bit<8> 类型的变量是不能与一个 bit<16> 类型的变量进行关系比较运算的。

5）拼接运算

拼接操作用于把两个位串连接起来，使用 ++ 表示，结果是一个新的位串，其长度是输入的两个位串的长度之和，最高有效位取自左操作数，结果的符号也取自左操作数。拼接操作的示例代码如下所示：

```
bit<4> a = (bit<4>)(0xF);
bit<8> b = (bit<8>)(0xF0);
bit<12> c = a ++ b;
```

c 的值为 0xFF0，类型为 bit<12>。

6）切片运算

从一个位串中提取一段连续的子串，称之为切片（slice），使用 [n:m] 表示，m 和 n 都必须是常量表达式，其值是非负整数，并且 n>=m。求值的结果是一个长度为 n−m+1 的位串，包括了原始位串第 m 位的 bit（也就是结果的最低位）到第 n 位的 bit（也就是结果的最高位）。注意，最低位和最高位这两个端点都是包含在切片里的。切片结果可以作为左值，P4 支持给切片结果赋值，例如可以进行如下操作：

```
e[n:m] = x;
```

如果要将一个 TCP 报文的 SYN 标志位设置为 1，则可以使用下列代码中的 tcp_set_syn_flag() 函数实现：

```
header tcp_h {
```

```
    bit<16> src_port;
    bit<16> dst_port;
    bit<32> seq_no;
    bit<32> ack_no;
    bit<4> data_offset;
    bit<3> res;
    bit<3> ecn;
    bit<6> flags;
    bit<16> window;
    bit<16> checksum;
    bit<16> urgent_ptr;
}

struct headers {
    ethernet_h ethernet;
    ipv4_h     ipv4;
    tcp_h      tcp;
}

void tcp_set_syn_flag(inout headers hdr) {
    apply {
        hdr.tcp.flags[1:1] = 1;
    }
}
```

根据 RFC 793 定义的传输控制协议（TCP）中有关报文格式的规定，TCP 的控制位一共占 6 位，hdr.tcp.flags[1:1] 表示 SYN 标志位。

3.2.2 有符号整型

有符号整型是带有符号位的整数类型，又可以分为两类：固定宽度有符号整型和无限精度整型。

1. 固定宽度有符号整型的定义

位宽为 W 位的有符号整型使用下面的代码定义：

```
int<W> v;
```

其中，W 必须是常量表达式，并且它的值是正整数。整数位从 0 到 W–1 进行编号。第 0 位是最低有效位。第 W–1 位是符号位，这一点与无符号整型是不同的。

例如，64 位有符号整型定义的代码如下所示：

```
int<64> v;
```

位编号从 0 到 63，其中第 63 位是最高有效位，即符号位。

2. 固定宽度有符号整型支持的操作

固定宽度的有符号整型支持的操作与无符号整型支持的操作基本相同，区别在于移位操作。无符号整型支持的是逻辑移位操作，有符号整型支持的是算术移位操作。

根据算术移位的规则，左移的时候在低位补 0，符号位不变；右移的时候在高位补符号位的值。当算术移位操作的右操作数超过了左操作数的宽度时，最终结果为：

（1）左移的情况下，移位完成后，所有 bit 都为 0。

（2）右移正数的情况下，移位完成后，所有 bit 都为 0。

（3）右移负数的情况下，移位完成后，所有 bit 都为 1。

固定宽度的有符号整型同样支持拼接操作，使用 ++ 表示，结果是一个新的位串，其宽度是参与运算的两个位串的宽度之和，最高有效位取自左操作数，结果的符号也取自左操作数：

```
int<4>  a = (int<4>)(0x7);
int<8>  b = (int<8>)(0x70);
int<12> c = a++b;
```

c 的值为 0x770，类型为 int<12>。

3. 无限精度整型的定义

无限精度整型（infinite-precision integer，int）的定义代码如下：

```
int v;
```

无限精度整型是一种特殊的整型，它的位宽是无限长的，可以表示无限大的数值。例如，Python 语言中的整型便是无限精度整型。

使用无限精度整型，是否意味着程序员可以不必关心变量的位宽了呢？实际上，在 P4 语言中，无限精度整型的使用场景非常有限，仅仅可以用于整型常量以及相关的表达式中。在 P4 语言中，所有 int 类型的表达式必须在编译时确定具体的值，P4 运行时的变量不能具有 int 类型。在编译时，编译器将根据一定的规则，将 int 类型转换为固定宽度类型。

以下代码定义了三个无限精度整型常量，它们的值在编译时确定：

```
const int a = 5;
const int b = 2 * a;
const int c = b - a + 3;
```

不能在运行时使用无限精度整型，例如以下代码在编译时会报错：

```
int a = 5;
```

报错信息如下所示：

```
p4c-bm2-ss --p4v 16 --p4runtime-files
build/helloworld.p4.p4info.txt -o build/helloworld.json
helloworld.p4
helloworld.p4(55): [--Werror=type-error] error: a: Cannot
declare variables with type int
        int a = 5;
        ^^^^^^^^^^
helloworld.p4(55)
```

```
        int a = 5;
            ^^^
make: *** [../../utils/Makefile:43: helloworld.json] Error 1
```

4. 无限精度整型支持的操作

int 类型支持的操作与固定宽度的有符号整型（int<w>）支持的操作基本相同，但要注意以下 3 点。

（1）P4 不支持 int 类型与 int<w> 混合在一起的二元运算，除非进行强制类型转换。

（2）int 类型不支持位运算。

（3）int 类型不支持饱和运算。

3.2.3 整型常量

整型常量又被称为整型字面量（integer literals），它有以下三种类型。

（1）类型为 int 的简单整型常量。

（2）类型为 bit<N> 的无符号整型常量，前缀为 Nw。

（3）类型为 int<N> 的有符号整型常量，前缀为 Ns。

整型常量的示例如表 3-2 所示。

表 3-2　整型常量的示例

整型常量	含　义	分　类
10	类型是 int，值是 10	类型（1）
8w10	类型是 bit<8>，值是 10	类型（2）
1w10	类型是 bit<1>，值是 0，编译器会报溢出警告	类型（2）
8s10	类型是 int<8>，值是 10	类型（3）
2s3	类型是 int<2>，值是 −1，编译器会报溢出警告	类型（3）
1s1	类型是 int<1>，值是 −1，编译器会报溢出警告	类型（3）

整型常量一般用在宏定义或者变量初始化语句中，示例代码如下所示：

```
#define ZEOR (32w0x0)

bit<32> b = 32w10;
```

3.2.4　varbit 类型

某些网络协议使用的字段长度是可变的，只有在收到特定报文时才能知道具体字段的长度，这种字段称为动态长度字段，例如 IPv4 选项字段。为了支持此类字段的操作，P4 提供了一种特殊的位串类型，其位宽在运行时确定，被称为 varbit，其中 var 是英文单词 variable 的缩写。

1. varbit 类型的定义

varbit 类型的变量的定义方法如下所示：

```
varbit<W> val;
```

上述代码定义了宽度最多为 W 位的位串，其中 W 称为静态位宽，而 val 在实际运行时的位宽，称为动态位宽。

例如，以下代码定义了一个位宽可能为 0 ～ 40 位的位串：

```
varbit<40> tcp_option;
```

P4 Target 可能会对 varbit 类型施加额外的限制，例如可能会限制位宽的范围，或者可能要求动态位宽必须是字节（8bit）对齐。有一些 P4 Target 可能不支持 varbit。

2. varbit 类型支持的操作

varbit 类型支持如下操作。

（1）赋值操作：把一个 varbit 变量赋值给另一个 varbit 变量，两个 varbit 变量必须具有相同的静态位宽。执行赋值操作的时候，不仅会给变量的数据赋值，还会给变量的动态位宽赋值。

（2）比较操作：当两个 varbit 变量的静态位宽相同时，可以比较它们是否相等。当两个 varbit 变量的动态位宽相等，并且动态位宽范围内所有位的值都相等时，这两个 varbit 变量被视为相等。

varbit 类型的两种具体使用场景如下。

（1）在 parser 中，packet_in 对象的 extract 方法支持 varbit 类型的字段。extract 方法把数据提取到包含 varbit 字段的报文头部，并根据实际提取的字段长度设置该 varbit 变量的动态位宽。

（2）在 deparser 中，packet_out 对象的 emit 方法支持 varbit 类型的字段。emit 方法会根据 varbit 字段的动态位宽提取有效数据，并且发送出去。

3.2.5　布尔类型

1. 布尔类型的定义

布尔类型使用 bool 关键字定义，只包含两个值：false 和 true。代码如下所示：

```
bool is_ipv4_packet = true;
```

布尔值不是整型，但是可以通过强制类型转换，转换为整型。

2. 布尔类型支持的操作

布尔类型支持这些运算符：与（&&）、或（||）、非（!）、判断是否相等（== 或者 !=）。这些运算符的优先级和 C 语言类似，并且支持短路求值。

P4 不支持布尔类型和整型之间的隐式类型转换。P4 语言的分支语句中，不能使用整型代替布尔类型。例如下面的语句在 C 语言中是合法的。

```
int x;
if (x) {
    /* 代码省略 */
}
```

但是在 P4 语言的分支语句中，这个语句必须写成下面这样：

```
int x;
if (x != 0) {
    /* 代码省略 */
}
```

P4 支持条件运算符，形式为 e1?e2:e3。该表达式的求值方法和 C 语言一样，首先对 e1 求值，如果等于 true，则对 e2 求值；否则对 e3 求值。第一个子表达式 e1 的类型必须是布尔类型，e2 和 e3 的类型必须相同。

3.2.6　error 类型

1. error 类型的定义

error 类型包含可用于指示错误的数值，它与 C 语言中的枚举（enum）类型类似。一个程序可以包含多个 error 声明，编译器将这些声明合并在一起，放入统一的 error 命名空间，而与定义 error 类型的位置（所在的具体 P4 文件）无关。例如，在 P4 核心库中，以下代码定义了两个错误类型的常量。

```
error { ParseError, PacketTooShort }
```

2. error 类型支持的操作

error 类型只支持比较运算等于（==）和不等于（!=），比较运算的结果是布尔类型。例如，下面的代码用于检查是否发生了错误。

```
error errorFromParser;
if (errorFromParser != error.NoError) {
    /* 代码省略 */
}
```

3.3　复合数据类型及其表达式

汉语中的单个字一般有各自单独的意思，但是组合在一起，形成词组或成语之后，就可以表达更丰富的含义了。

P4 中的复合数据类型也被称为派生类型，它与基本数据类型的关系也是如此。复合数据类型是由基本数据类型组成的，可以方便地表示更丰富的内容。

P4 提供了很多复合数据类型，包括 enum、struct、tuple、header、header stacks、header_union、extern、parser、deparser、control、package 等，以下分别进行详细介绍。

3.3.1　枚举类型

1. 枚举类型的定义

枚举类型使用 enum 关键字定义，可以包含多个枚举成员，一般用于提高程序的可读性。以下代码声明了一个枚举类型，类型名称是 l3_packet_type_t，它包含了 2 个枚举成员：IPV4 和 IPV6。

```
enum l3_packet_type_t {
    IPV4 = 0,
    IPV6
}
```

在定义枚举类型时，可以指定枚举成员的值，也可以不指定。在上述代码中，指定枚举成员 IPV4 的值等于 0，没有指定枚举成员 IPV6 的值。默认情况下，枚举成员的取值由编译器指定。

P4 规范并未规定枚举类型的底层实现，也未规定枚类类型的位宽是多少位，这些与具体的编译器和 Target 相关。

另一种定义枚举类型的方法是使用指定位宽的底层类型，包括以下两种。

（1）使用无符号整型，即 bit<W>，其中 W 为常量。

（2）使用有符号整型，即 int<W>，其中 W 为常量。

例如，以下代码声明了一个底层使用 bit<16> 类型的枚举类型：

```
enum bit<16> ether_type_t {
    VLAN = 0x8100,
    QINQ = 0x9100,
    MPLS = 0x8847,
    IPV4 = 0x0800,
    IPV6 = 0x86dd
}
```

ether_type_t 包含 5 个常量，例如 ether_type_t.IPV4，它的值是 0x0800。

枚举中的多个符号可以映射到同一个整型数值，例如在下面的代码中，b2 和 b3 的值都是 1：

```
enum bit<8> non_unique_t {
    b1 = 0,
    b2 = 1,
    b3 = 1,
    b4 = 2
}
```

如果枚举项的值超出底层类型的表示范围，编译器将提示警告：

```
enum bit<8> failing_example_t {
    first           = 1,
    second          = 2,
    third           = 3,
    unrepresentable = 300
}
```

```
}
```

因为 300 无法使用 bit<8> 表示，所以编译器将提示警告。

2. 枚举类型支持的操作

没有指定底层类型的枚举类型只支持比较运算等于（==）和不等于（!=），比较的结果是布尔类型。

指定了底层类型的枚举类型可以和底层类型之间进行强制类型转换，示例代码如下：

```
enum bit<8> E {
    e1 = 0,
    e2 = 1,
    e3 = 2
}

bit<8> x;
E a = E.e2;
E b;
x = (bit<8>)a;          // 将 x 设置为 1
b = (E)x;               // 将 b 设置为 E.e2
```

这段代码定义了一个枚举类型 E，其底层类型为 bit<8>。对于 E 类型的变量 a 和 b，以及 bit<8> 类型的变量 x，P4 支持把 a 经过强制类型转换之后赋值给 x，也支持把 x 经过强制类型转换之后赋值给 b。

因为将枚举类型转换成其底层类型的操作是安全的，所以 P4 语言支持枚举类型到底层类型的隐式类型转换，不需要进行显式地强制类型转换，示例代码如下：

```
// 将 x 设置为 1，E.e2 自动转换为 bit<8>
bit<8> x = E.e2;
E a = E.e2

// 将 y 设置为 8，a 自动转换为 bit<8>，然后进行移位操作
bit<8> y = a << 3;
```

但是反过来，从底层类型到枚举类型，则必须使用强制类型转换，不支持隐式类型转换，示例代码如下：

```
enum bit<8> E1 {
    e1 = 0,
    e2 = 1,
    e3 = 2
}
enum bit<8> E2 {
    e1 = 10,
    e2 = 11,
    e3 = 12
}

E1 a = E1.e1;
```

```
    E2 b = E2.e2;

    // 错误：b 可以自动转换为 bit<8>，但是 bit<8> 不能自动转换为 E1
    a = b;

    a = (E1)b; // 正确

    // 错误：E1.e1 可以自动转换为 bit<8>
    // 但是右操作数是 bit<8>，不能自动转换为 E1 类型
    a = E1.e1 + 1;

    // 正确
    a = (E1)(E1.e1 + 1);

    // 错误
    a = E1.e1 + E1.e2;

    // 正确
    a = (E1)(E2.e1 + E2.e2);
```

> **注意**：虽然 enum 和底层类型之间的相互转换是安全的，但是把底层类型转换到 enum 时，有可能转换成一个未定义的值。

例如下面这段代码：

```
enum bit<8> E {
    e1 = 0,
    e2 = 1,
    e3 = 2
}

bit<8> x = 5;
E e = (E) x;
```

在这段代码里，因为枚举 E 中不存在映射到 5 的符号，所以这个表达式会给 e 设置一个未定义的值。这种转换会引发很多不明显的错误。例如，在下面的代码里，虽然 if ... else 的判断条件涵盖了所有枚举成员，但程序还是有可能进入最后的 else 分支，这个分支需要妥善处理。示例代码如下：

```
enum bit<2> MyPartialEnum_t {
    VALUE_A = 2w0,
    VALUE_B = 2w1,
    VALUE_C = 2w2
}
bit<2> y = < some value >;
MyPartialEnum_t x = (MyPartialEnum_t)y;
if (x == MyPartialEnum_t.VALUE_A) {
    // 代码省略
} else if (x == MyPartialEnum_t.VALUE_B) {
    // 代码省略
} else if (x == MyPartialEnum_t.VALUE_C) {
```

```
    // 代码省略
} else {
    // 这个分支的存在是必要的
    // 代码省略
}
```

另外，如果 header 里包含枚举类型的字段，在进行 parser 解析的时候一般会使用 transition select 语句匹配所有可能的枚举值，在这种情况下，也需要特别注意 default 分支。当匹配失败时，会进入 default 分支处理，例如下列代码中对 EtherType 的判断：

```
enum bit<16> EtherType {
    VLAN = 0x8100,
    IPV4 = 0x0800,
    IPV6 = 0x86dd
}
header ethernet {
    // 其他成员省略
    EtherType etherType;
}
parser my_parser(/* parameters omitted */) {
    state parse_ethernet {
        packet.extract(hdr.ethernet);
        transition select(hdr.ethernet.etherType) {
            EtherType.VLAN : parse_vlan;
            EtherType.IPV4 : parse_ipv4;
            EtherType.IPV6 : parse_ipv6;
            default: reject;
        }
    }
}
```

3.3.2 结构类型

1. 结构类型的定义

P4 中的结构类型用 struct 表示，可以将多个成员组合在一起。P4 语言允许空结构，即没有成员的结构。

例如在下列代码中，header_t 结构体将多种类型的报文头部组合在了一起：

```
struct header_t {
    ethernet_h ethernet;
    ipv4_h      ipv4;
    ipv6_h      ipv6;
    tcp_h       tcp;
    udp_h       udp;
}
```

2. 结构类型支持的操作

结构类型支持成员访问操作，使用点（.）表示法。

当赋值操作的两个参数都是结构并且类型相同时，P4 允许使用赋值操作复制整个结构的数据。

如果两个结构变量的类型相同，并且所有成员都可以递归地进行比较，那么这两个变量可以进行等于（==）、不等于（!=）运算。当两个结构体的所有成员都相等时，这两个结构体也相等。

P4 中结构可以使用列表表达式进行初始化，也可以使用 structure-valued 表达式进行初始化。但是不论使用哪种初始化方法，都需要同时给所有成员赋值。这一点与 C 语言不同，在 C 语言中，允许只对部分成员赋值。

下面的例子展示了结构初始化的两种方式：

```
struct S {
    bit<32> a;
    bit<32> b;
}

// 使用列表表达式初始化
S s1 = { a = 10, b = 20 };
S s2 = { 10, 20 };

// 使用 structure-valued 表达式初始化
S s3 = (S){ a = 10, b = 20 };
```

3.3.3 元组类型

1. 元组类型的定义

元组（tuple）是一种不可变的有序复合数据类型，可以包含多个字段，但是只能进行整体赋值。

以下代码定义了包含两个字段的元组类型：

```
tuple<bit<32>, bool> x = { 10, false };
```

2. 元组类型支持的操作

一个元组可以赋值给类型相同的其他元组。元组可以作为参数、返回值传递，也可以使用列表表达式进行初始化。示例代码如下：

```
tuple<bit<32>, bool> x = { 10, false };
```

元组的成员可以通过索引的方式进行访问，例如 x[0]、x[1]。索引编号必须在编译时确定，从而实现静态的类型检查。

在当前版本（1.2.3）的 P4 语言规范中，虽然元组整体可以作为左值，但是元组的成员不是左值，也就是说，一个元组可以整体赋值，但是元组的一个成员不能被单独修改。这个限制可能在后续版本的 P4 语言规范中解除。

3.3.4　header 类型

1. header 类型的定义

P4 语言是针对报文处理的，而报文处理的主要工作是处理报文头部，因此 header 类型是 P4 语言中的最重要类型。

以下代码声明了一个典型的以太网头部：

```
header Ethernet_h {
    bit<48> dstAddr;
    bit<48> srcAddr;
    bit<16> etherType;
}
```

以下变量声明使用了新引入的 Ethernet_h 类型：

```
Ethernet_h ethernetHeader;
```

header 类型与结构类型相似，也可以包含多个字段。那为什么 P4 要单独设计一个 header 类型呢？

header 类型额外包含一个隐藏的 validity 字段，该字段是布尔类型。当 validity 字段为 true 时，表示该 header 是有效的。在接收报文时，解析到的 header 会设置其 validity 字段为 true，没有解析到的 header 会保持其 validity 字段为 false。在发送报文时，有效的 header 会被发送出去，无效的 header 不会被发送出去。使用 header 类型定义局部变量时，其 validity 位将自动设置为 false。基于 header 的 validity 字段，可以更方便地标识协议头是否存在，以及控制协议头的插入和删除。这些功能是 struct 类型不具备的。

> **注意**：header 类型不支持嵌套，不能在一个 header 中嵌套定义另一个 header。但是可以在 struct 中嵌套 header。通常的用法是使用 header 定义单个协议头，使用 struct 定义一组 header。

下面的例子使用 header 定义了三个协议头：Ethernet_h、ipv4_h 和 ipv6_h，并使用 struct 将它们组合起来，构成一组报文头。当处理 IPv4 报文的时候，ipv4 头部的 validity 字段为 true，ipv6 头部的 validity 字段为 false。当处理 IPv6 报文的时候，ipv4 头部的 validity 字段为 false，ipv6 头部的 validity 字段为 true。

```
header Ethernet_h {
    bit<48> dstAddr;
    bit<48> srcAddr;
    bit<16> etherType;
}

header ipv4_h {
    bit<4>      version;
    bit<4>      ihl;
    bit<8>      diffserv;
    bit<16>     total_len;
    bit<16>     identification;
```

```
    bit<3>        flags;
    bit<13>       frag_offset;
    bit<8>        ttl;
    bit<8>        protocol;
    bit<16>       hdr_checksum;
    bit<32>       src_addr;
    bit<32>       dst_addr;
}

header ipv6_h {
    bit<4>  version;
    bit<8>  trafficClass;
    bit<20> flowLabel;
    bit<16> payloadLen;
    bit<8>  nextHdr;
    bit<8>  hopLimit;
    bit<128>src;
    bit<128>dst;
}

struct headers_t {
    Ethernet_h eth;
    ipv4_h ipv4;
    ipv6_h ipv6;
}
```

此外，struct 也可以嵌套在 header 中，作为 header 的一个字段。例如，在下面的代码中，ipv6_h 的地址字段可以使用 struct 类型表示。

```
struct ipv6_addr_t {
    bit<32> Addr0;
    bit<32> Addr1;
    bit<32> Addr2;
    bit<32> Addr3;
}

header ipv6_h {
    bit<4>        version;
    bit<8>        trafficClass;
    bit<20>       flowLabel;
    bit<16>       payloadLen;
    bit<8>        nextHdr;
    bit<8>        hopLimit;
    ipv6_addr src;
    ipv6_addr dst;
}
```

不包含任何 varbit 字段的 header 具有固定长度，包含 varbit 字段的 header 具有可变长度。固定长度 header 的长度是一个常量，它是所有字段长度之和，validity 位不计算在内。

在 P4 规范中，没有定义 header 字段的填充或对齐。不同 Target 可能会对 header 类型施加额外的限制，例如将 header 长度限制为字节（8bit）的整数倍。

header 可以包含 varbit 类型的字段。以下是具有可变长度的 IPv4 头部的示例：

```
header ipv4_h {
    bit<4>        version;
    bit<4>        ihl;
    bit<8>        diffserv;
    bit<16>       total_len;
    bit<16>       identification;
    bit<3>        flags;
    bit<13>       frag_offset;
    bit<8>        ttl;
    bit<8>        protocol;
    bit<16>       hdr_checksum;
    ipv4_addr_t src_addr;
    ipv4_addr_t dst_addr;
    varbit<320> options;
}
```

2. header 类型支持的操作

header 类型支持成员访问、比较、extract、emit 等操作。

P4 的解析器提供了一种 extract 方法，可用于根据网络数据报文填充 header 字段。如果 extract 操作执行成功，它会将 header 的 validity 有效性位自动设置为 true。示例代码如下：

```
struct metadata { }
struct headers {
    Ethernet_h eth;
}
parser MyParser(packet_in packet,
        out headers hdr,
        inout metadata meta,
        inout standard_metadata_t standard_metadata) {
    state start {
        packet.extract(hdr.eth);
        transition accept;
    }
}
```

header 包含隐藏的 validity 位，header 之间的赋值操作会复制 validity 有效位。当 validity 位等于 true 时，称该 header 为有效（valid），否则称之为无效（invalid）。

header 支持以下的方法操作 validity 位。

（1）isValid()：用来判断 header 是否有效，即判断 validity 位是否为 true。

（2）setValid()：用来设置对应 header 为有效，即设置 validity 位为 true。

（3）setInvalid()：设置对应 header 为无效，即将 validity 位设置为 false。

当一个 header 为无效时，对该 header 的修改不生效。如果需要修改一个无效 header，必须先调用 setValid() 方法将该 header 设置为有效。

P4 的 deparser 提供了 emit 方法，emit 方法可以将有效 header 中包含的数据发送出去。

示例代码如下：

```
control MyDeparser(packet_out packet, in headers hdr) {
    apply {
        packet.emit(hdr.eth);
    }
}
```

和 struct 类似，一个 header 对象也可以使用列表表达式进行初始化，或者使用 structure-valued 表达式进行初始化。初始化时，header 的 validity 位被自动设置为 true。示例代码如下：

```
header H {
    bit<32> x;
    bit<32> y;
}

H h1;
H h2;

h1 = { 10, 12 };              // h 被设置为 valid
h2 = { y=12, x=10 };          // h 被设置为 valid
```

如果两个 header 的类型相同，可以使用等于（==）或不等于（!=）进行比较。当且仅当两个 header 的 validity 位相同，并且所有对应成员的值都相同时，这两个 header 才是相等的。

3.3.5　header stack 类型

header stack 表示多个相同类型的 header 组成的数组。

下面的代码定义了一个名为 mpls 的 header stack，其中包含 3 个元素，每个元素的类型为 Mpls_h。下面的代码实现了循环提取多个 MPLS 标签的功能：

```
header Mpls_h {
    bit<20>     label;
    bit<3>      tc;
    bit         bos;
    bit<8>      ttl;
}

struct Pkthdr {
    Ethernet_h ethernet;
    Mpls_h[3] mpls;
    // 其他头部省略
}

parser P(packet_in b, out Pkthdr p) {
    state start {
        b.extract(p.ethernet);
        transition select(p.ethernet.etherType) {
```

```
            0x8847: parse_mpls;
            0x0800: parse_ipv4;
        }
    }
    state parse_mpls {
        b.extract(p.mpls.next);
        transition select(p.mpls.last.bos) {
            0: parse_mpls; // 这里创建了一个循环
            1: parse_ipv4;
        }
    }
    // 其他状态省略
}
```

0x8847 表示多协议标签交换（Multi-Protocol Label Switching，MPLS）报文类型。在 MPLS 协议中，bos 字段表示 bottom of stack，即堆栈层次。bos 为 0，表示后面还有有效的 MPLS 标签；bos 为 1，表示后面已经没有有效的 MPLS 标签。MPLS 头部后边是 IPv4 头部。

header stack 类型隐含了 next 指针和 last 指针，next 指针指向下一个需要被解析的元素，last 指针指向已经被解析完的最后一个元素。在上面的例子中，mpls.next 的初始值为 0，指向 mpls 数组的第 0 个元素。每次 extract() 函数调用成功后，mpls.next 会自动加 1。mpls.last 指向 mpls.next 的上一个元素，也就是刚被解析完的那个元素。通过使用 next 指针和 last 指针，可以简化 P4 程序的编写。

3.3.6　header union 类型

P4 中的 header union 与 C 语言的 union 类似，多个不同的 header 类型可以组合成一个 union，不同的成员共享底层的存储空间，同一个时刻只有一个成员是有效的。一个 header union 中的每个成员都必须是 header 类型。

例如，IP 协议分为 IPv4 和 IPv6，一个 IP 报文，要么是 IPv4，要么是 IPv6，只能是其中一个，这种情况就适合用 header union 来表示。下面的代码展示了如何对 IPv4 和 IPv6 报文进行解析：

```
header IPv4_h {/* fields omitted */}
header IPv6_h {/* fields omitted */}

header_union IP_h {
    IPv4_h v4;
    IPv6_h v6;
}

struct Parsed_packet {
    Ethernet_h ethernet;
    IP_h      ip;
}
parser top(packet_in b, out Parsed_packet p) {
    state start {
        b.extract(p.ethernet);
```

```
        transition select(p.ethernet.etherType) {
            16w0x0800 : parse_ipv4;
            16w0x86DD : parse_ipv6;
        }
    }
    state parse_ipv4 {
        b.extract(p.ip.ipv4);
        transition accept;
    }
    state parse_ipv6 {
        b.extract(p.ip.ipv6);
        transition accept;
    }
}
```

和 header 类似，header union 类型也支持 isValid() 方法。如果一个 header union 类型的变量 u 至少有一个元素是有效的，那么 u.isValid() 会返回 true，否则返回 false。但是 header union 不支持 setValid() 和 setInvalid() 操作。

如果两个 header union 变量类型相同，可以使用 == 和 != 比较它们是否相等。

3.3.7　集合类型

在 P4 语言中，集合类型表示一组常量的集合，只在少数场景中使用。下面主要以 parser 场景为例介绍集合类型的使用方法。

1. 集合类型的定义

在 parser 中可以使用集合类型作为条件表达式的判断条件，如下所示：

```
select (expression) {
    set1: state1;
    set2: state2;
    // 省略更多的标签
}
```

在上面的例子中，set1 和 set2 代表两个数值集合。select 表达式用于判断 expression 所表示的值是否属于其中某个集合。

集合类型包含两种特殊情况。

1）单个值的集合

下面的代码定义了一个只有单个值的集合。

```
select (hdr.ipv4.version) {
    4: continue;
}
```

2）全集

default 或者下画线（_）代表全集（universal set），这个集合包含了给定类型的所有可能的值。

下面的程序代码中，下画线（_）表示 hdr.ipv4.version 所有可能取值的全集：

```
select (hdr.ipv4.version) {
    4: continue;
    _: reject;
}
```

注意：集合类型是 P4 编译器自动合成的类型，程序员无法直接定义该类型的变量。P4 中并没有定义集合类型 set 关键字。集合类型只能在 P4 的少数场景中使用。

2. 集合类型支持的操作

1）掩码操作符

掩码操作符 &&& 使用掩码描述一个数值集合，格式为：

```
a &&& b
```

其中 a 和 b 是两个 bit<W> 类型的位串，a 是一个数值，b 是一个掩码值，掩码中为 0 的位代表"不关心"（don't care）。a &&& b 表示一个集合 S，对于任意 c 属于 S，满足 a & b = c & b。

示例代码如下：

```
8w0x0A &&& 8w0x0F
```

其中，定义了一个集合，该集合由一个值 8w0x0A 和掩码 8w0x0F 组成。掩码的高 4 位是 0，代表高 4 位通配；掩码的低 4 位是 1，代表低 4 位等于 0x0A 的低 4 位。这个集合可以表示为 8w0b****1010，其中 8w 表示一共有 8bit，0b 表示二进制，* 表示通配，可以是 0 或者 1 中的任意值。

2）范围操作符

范围操作符 .. 使用集合的最小值和最大值表示一系列连续整数组成的集合，格式为：

```
a .. b
```

上述代码表示一个整数集合，集合元素的最小值是 a，最大值是 b，该集合包含了 a 和 b 之间的所有整数。

示例代码如下：

```
4w5 .. 4w8
```

其中定义了一个包含 4w5、4w6、4w7、4w8 的集合，注意包含首尾两个值。

掩码操作符（&&&）和范围操作符（..）的优先级相同，比逻辑与操作符 & 的优先级高。

3）乘积操作符

多个集合可以通过笛卡儿乘积组合在一起，示例代码如下：

```
select(hdr.ipv4.ihl, hdr.ipv4.protocol) {
```

```
        (4w0x5, 8w0x1): parse_icmp;
        (4w0x5, 8w0x6): parse_tcp;
        (4w0x5, 8w0x11): parse_udp;
        (_,_): accept;
}
```

集合乘积的运算结果的类型是元组的集合。在这段代码中，select 检查了两个字段，每个分支中的判断条件由这两个字段对应的集合通过笛卡儿乘积组合在一起。例如，对于第一个分支条件（4w0x5，8w0x1），第一个字段的取值集合是 4w0x5 定义的单元素集合，第二个字段的取值集合是 8w0x1 定义的单元素集合。

3.3.8　extern 类型

每种 P4 Target 都可以提供一些自己特殊定义的功能组件，这些组件的代码和实现是不公开的，但是可以通过对象和函数的方式对外暴露接口，以供程序员使用。这些对象和方法被统称为 extern 类型或者 extern 组件。在特定 Target 的编程手册中，都会提供这些对象和方法的详细描述。

例如，在 BMv2 平台上，如果要计算哈希值，可以使用 Hash 组件，代码如下：

```
Hash<bit<16>>(HashAlgorithm_t.CRC16) ip_hash_rand;
apply {
    eg_md.inner_ip_hash_value =
        ip_hash_rand.get({
            hdr.inner_ipv4.src_addr,
            hdr.inner_ipv4.dst_addr
        });
}
```

另外一个比较常用的组件是校验和组件，它的定义可以用伪代码表示如下：

```
extern Checksum16 {
    Checksum16();
    void clear();
    void update<T>(in T data);
}
```

这是一个 Checksum16 组件，用于增量计算 16 位校验和。它提供了一个构造函数 Checksum16()、两个方法 clear() 和 update()。其中，clear() 方法用于将校验和清零，update() 方法用于对输入的数据进行校验和的计算。

常用的 extern 组件还有 ActionProfile、register 等。第 5 章将详细介绍。

3.4　有关数据类型的其他主题

3.4.1　类型默认值

某些 P4 类型定义了默认值，可用于自动初始化该类型的值。默认值规则如下。

（1）对于 int、bit<W> 和 int<W> 类型，默认值为 0。

（2）对于 bool 类型，默认值为 false。

（3）对于 error 类型，默认值为 error.NoError。

（4）对于 varbit<W>，默认值是一个动态位宽为 0 的位串。

（5）对于定义了底层类型的枚举值，默认值为 0，即使 0 可能实际上并不是枚举中的标签值之一，也是如此。

（6）对于没有定义底层类型的枚举值，默认值是出现在枚举类型声明中的第一个值。

（7）对于 header 类型，默认值为 invalid。

（8）对于 header stack，默认把所有元素设置为 invalid。

（9）对于 header union 值，默认把所有元素设置为 invalid。

（10）对于结构类型，默认把每个字段都设置为相应类型的默认值。

（11）对于元组类型，默认把每个字段都设置为相应类型的默认值。

3.4.2　未初始化的值

在 P4 语言中，虽然定义了数据类型的默认值，但是对于没有显式初始化的变量，是否会被执行默认初始化取决于编译器或者 Target 的具体行为。在某些情况下，可能存在未初始化的变量。如果读取未初始化的变量的值，结果将是未定义的，下面是一些具体的例子。

（1）从当前 invalid 的 header 里读取一个成员。

（2）从当前 valid 的 header 里读取一个成员，但是这个成员在 header 被设置为有效之后并未被赋值。

（3）读取其他未被初始化的值，例如 struct 里的成员。

所以，在编程的时候需要尽可能地对使用的变量进行初始化，并且避免读取未初始化的变量。

对于一个 enum 或者 error 类型的变量，如果未初始化，那么它的值可能不等于 enum 或者 error 类型所定义的任何一个标签值，如果该变量被用到分支语句的判断条件中，那么程序需要能正确处理这种未定义的值。例如，在 select 语句里，需要增加 default 或者 "_" 分支，以匹配未定义的值，并进行正确的处理。

3.4.3　类型转换

强制类型转换的写法是（T）e。其中，T 是一个类型，e 是一个表达式。P4 语言只支持在基本数据类型之间进行强制类型转换，这个限制虽然加重了编程者的负担，但是有一些好处。

（1）可以让用户的意图更加明确。

（2）显式地指明了类型转换的成本，因为某些转换涉及符号扩展，在某些 Target 上可能会占用很多计算资源。

1. 显式类型转换

下面的类型转换在 P4 中是合法的。

（1）bit<1> 与 bool 互相转换：0 和 false 互相转换，1 和 true 互相转换，都是合法的。

（2）bit<W> 转换为 bit<X>：当 W > X 时，将高位截断；否则在高位补 0。

（3）int<W> 转换为 bit<W>：保持所有位不变。如果为负值将转换成对应的正值。

（4）bit<W> 转换为 int<W>：保持所有位不变。如果最高位是 1，则转换成对应的负值。

（5）int<W> 转换为 int<X>：当 W > X 时，将高位截断；否则在高位将符号位展开。

（6）定义了底层类型的 enum 和底层类型之间的可以进行强制类型转换。

其他显式类型转换规则，请参考 P4$_{16}$ Language Specification。

2. 隐式类型转换

为了保持语言的简单，避免引入隐含的开销，P4 只支持以下两种隐式类型转换：

（1）将 int 转换为 int<W> 或者 bit<W> 类型。

（2）将 enum 转换为 enum 底层类型。

当 int 类型的表达式和 int<W>、bit<W> 类型的表达式进行二元运算时，会隐含地把 int 类型表达式转换成其他类型的表达式。

假设变量类型定义如下所示：

```
enum bit<8> E {
    a = 5;
}
bit<8>  x;
bit<16> y;
int<8>  z;
```

在进行以下操作时，编译器会进行隐式类型转换：

（1）x + 1 转换成 x +（bit<8>）1，因为 x 的类型是 bit<8>。

（2）x | 0xFFF 变成 x |（bit<8>）0xFFF，并输出溢出警告。

（3）x + E.a 变成 x +（bit<8>）E.a，因为 E 的底层类型是 bit<8>。

（4）z < 0 转换成 z <（int<8>）0，因为 z 的类型是 int<8>。

3.4.4　类型别名

typedef 用于为类型指定一个别名，示例代码如下：

```
// 为 bit<32> 定义一个别名 u32
typedef bit<32> u32;
// 为 bit<48> 定义一个别名 mac_addr_t
typedef bit<48> mac_addr_t;
// 为 bit<128> 定义一个别名 ipv6_addr_t
typedef bit<128> ipv6_addr_t;
```

原始类型和新类型被视为同义词，新类型支持原始类型支持的所有操作。

3.4.5 类型嵌套规则

P4 数据类型嵌套规则如表 3-3 所示。其中，列出了可能出现在 header、header union、结构和元组中的所有类型。

表 3-3　P4 数据类型嵌套规则表

元 素 类 型	header	header union	struct/tuple
bit<W>	允许	不允许	允许
int<W>	允许	不允许	允许
varbit<W>	允许	不允许	允许
int	不允许	不允许	不允许
void	不允许	不允许	不允许
error	不允许	不允许	允许
bool	允许	不允许	允许
enum	允许	不允许	允许
header	不允许	允许	允许
header stack	不允许	不允许	允许
header union	不允许	不允许	允许
struct	允许	不允许	允许
tuple	不允许	不允许	允许

从表 3-3 中可知，int 类型不能被嵌套在 header、header union 和 struct/tuple 中。因为 int 类型没有明确的存储空间大小，而 header 类型需要精确的格式定义才能进行 parser 和 deparser，所以在 header 中不能使用 int 类型。

3.4.6 运算符的优先级

C 语言运算符的优先级如表 3-4 所示。

表 3-4　C 语言运算符优先级

运 算 符	优 先 级	说 明
( ) [ ] -> .	1	
! ~ ++ -- + - * & (type) sizeof	2	一元运算符
* / %	3	二元运算符
+ -	4	二元运算符
<< >>	5	位运算符
< <= > >=	6	关系运算符
== !=	7	关系运算符

运　算　符	优　先　级	说　明
&	8	位运算符
^	9	位运算符
|	10	位运算符
&&	11	逻辑运算符
||	12	逻辑运算符
?:	13	条件运算符
= += −= *= /= %= &= ^= |= <<= >>=	14	赋值运算符
,	15	逗号运算符

与 C 语言相比，P4 语言少了一些运算符，如与指针相关的 −>、& 运算符，以及 sizeof 运算符等。另外，P4 也不支持 +=、−=、*=、/= 等缩写的运算符。

P4 语言中操作符的优先级基本上和 C 语言保持一致，两者的微小区别如下所示。

（1）位运算符（&、| 和 ^）的优先级高于关系运算符（<、<=、>、>=）。

（2）拼接 ++ 与中缀加法的优先级相同。

（3）切片 a[m:n] 的优先级和索引 a[i] 的优先级相同。

P4 语言运算符的优先级如表 3-5 所示。

表 3-5　P4 语言运算符优先级

运　算　符	优　先　级	说　明
() [] [m:n] .	1	[m:n] 表示切片
! ~ + − (type)	2	一元运算符
* / %	3	二元运算符
+ − ++	4	++ 表示拼接运算符
<< >>	5	位运算符
&	6	位运算符
^	7	位运算符
|	8	位运算符
< <= > >=	9	关系运算符
== !=	10	关系运算符
&&	11	逻辑运算符
||	12	逻辑运算符
?:	13	条件运算符
=	14	赋值运算符

3.4.7　表达式的求值顺序

对于复合语句，表达式按照顺序从左到右求值。同时，P4 语言的逻辑运算（&&、‖）支持短路求值，短路求值也称为最小化求值，即第二个表达式只有在必要时才参与运算。例如 a ‖ b，先对表达式 a 进行求值，当表达式 a 等于 true 时，整个表达式的值等于 true，无须对 b 进行求值。

3.4.8　P4 中非法算术表达式举例

很多在其他语言里是合法的算术表达式，在 P4 语言中是非法的。下面对 P4 中常见的非法算术表达式进行举例说明。假设变量定义的代码如下所示。

```
bit<8>   x;
bit<16>  y;
int<8>   z;
```

表 3-6 列举了一些非法的表达式。对于每个表达式，这里提供了一个 P4 可以支持的正确写法。注意，对于某些表达式，可以有多种合法的替代写法，每种写法可能会产生不同的结果。

表 3-6　P4 中的非法表达式的例子

表 达 式	表达式不合法的原因	P4 支持的合法的表达式
x+y	位宽不同	（bit<16>）x+y
		x+（bit<8>）y
x+z	符号不同	（int<8>）x+z
		x+（bit<8>）z
（int<8>）y	不能同时改变符号和位宽	（int<8>）（bit<8>）y
		（int<8>）（int<16>）y
y+z	位宽和符号都不同	（int<8>）（bit<8>）y+z
		y+（bit<16>）（bit<8>）z
		（bit<8>）y+（bit<8>）z
		（int<16>）y+（int<16>）z
x<<z	移位操作的右操作数不能是 int	x<<（bit<8>）z
x<z	符号位不同	x<（bit<8>）z
		（int<8>）x<z
1<<x	1 的位宽是未知的	32w1<<x
~1	int 不支持位操作	~32w1
5 & −3	int 不支持位操作	32w5 & −3

3.5　函数

P4 中的函数和其他大部分语言的函数类似，但是 P4 不支持递归函数。

下面的代码定义了一个函数，返回两个 32 位无符号整型的最大值：

```
bit<32> max(in bit<32> left,
            in bit<32> right,
            out bit<32> max_value)
{
    max_value = right;
    if (left > right) {
        max_value = left;
    }
    return max_value;
}
```

P4 函数的所有的参数必须指定方向，这是与其他语言显著的不同点。方向分为输入（in）、输出（out）以及输入输出（inout）。

P4 函数中为什么要引入"方向"这个概念呢？一方面，符合芯片逻辑的特点，因为可编程交换芯片的很多硬件模块的参数是有方向的。另一方面，通过多个输出参数可以实现多个返回值的效果。按照标准语法，函数的返回值只有一个结果，如果一个函数需要返回多个结果，就只能利用其他的机制。因为 P4 中没有指针，所以 P4 设计了通过 out/inout 参数返回多个结果的机制。

in 修饰的参数是输入参数，只能读，不能被修改；out 修饰的参数不能读，只能被修改；inout 修饰的参数既能被读，也能被修改。

可以在函数中定义局部变量，变量的作用域是从变量定义开始到函数结束。

函数使用 return 语句指定返回值。返回值为 void 类型的函数可以不指定 return 的参数。

如果程序中使用不到函数的返回值，可以丢弃，此时可以利用 P4 中提供的"忽略"类型，减少代码的复杂度。"忽略"类型写作 _，即下画线。示例代码如下：

```
bit<32> left = 32w123;
bit<32> right = 32w456;
bit<32> max_value = 0;
_ = max(left, right, max_value);
```

P4 语言中支持构造函数，通常用于初始化由具体 Target 提供的 extern 对象。构造函数调用完成后返回一个对应类型的对象。构造函数都是在编译时求值，所有参数的值也必须在编译时确定。

下面的例子展示了使用 ActionProfile 的构造函数给一个 table 设置 Implementation 属性：

```
extern ActionProfile {
    ActionProfile(bit<32> size); // 构造函数
}
```

```
table tbl {
    actions = { /* 代码省略 */ }
    implementation = ActionProfile(1024);
}
```

ActionProfile 是一个与具体 Target 实现相关的组件，它是一种节省表项资源的机制，5.6 节将会详细讲解 ActionProfile 的使用方法。

3.6 语句

C 语言的流程控制支持顺序、分支和循环语句。P4 语言只支持顺序和分支语句，不支持循环语句，没有 for、while，以及 do … while 语句，也没有相应的 break、continue 和 goto 语句。

下面详细介绍 P4 中支持的语句，包括赋值语句、条件语句、switch 语句、return 语句、exit 语句等。

> **注意**：本节提到了尚未介绍的 parser、deparser、control、action 等概念，读者需要结合后续章节一起学习。

3.6.1 赋值语句

赋值语句，使用等号（=）表示。执行顺序是先将等号左边的表达式求值，产生左值，然后将右边的表达式求值，最后将右边的值赋值到左值。

复合数据类型进行递归赋值。

3.6.2 条件语句

P4 条件语句的使用跟 C 语言基本相同，但是，P4 中的条件表达式必须是布尔表达式，不可以是整数，不会进行隐式类型转换，这一点与 C 语言不同。

例如，以下语句在 P4 中是不合法的：

```
bit<4> i = 2;

if (i) {
    do_a();
} else {
    do_b();
}
```

需要改写为下面的代码：

```
bit<4> i = 2;

if (i == 2) {
    do_a();
} else {
```

```
    do_b();
}
```

> **注意：** 条件语句不能在 parser 中使用。parser 中需要使用 select 语句实现分支判断。

3.6.3　switch 语句

switch 语句只能在 control 结构中使用。P4 支持两种 switch 表达式，分述如下。

1. 带有 action_run 表达式的 switch 语句

带有 action_run 表达式的 switch 语句，用于根据匹配 – 动作表的执行结果进一步处理。表达式的格式必须是 t.apply().action_run，其中 t 是表的名称。所有 switch 标签必须是表 t 的操作的名称，或者是 default。示例代码如下：

```
switch (t.apply().action_run) {
    action1: // 继续执行 action2:
    action2: { /* 代码省略 */ }
    // 执行完 action2 后不再执行 action3
    action3: { /* 代码省略 */ }
    default: { /* 代码省略 */ }
}
```

这里花括号 {} 同时也控制了是否跳转到下一个标签。如果 switch 标签后面没有 {} 语句，则会自动跳转到下一个标签；如果存在 {} 语句，则不会自动转到下一个标签。这一点与 C 语言的 switch 语句不同，后者需要显式地使用 break 语句以防止自动跳转。

switch 语句的 default 标签与表项是否命中无关。default 标签并不表示表项未命中，也不表示执行了默认的操作。

2. 使用整型或枚举类型表达式的 switch 语句

P4 支持的第二种 switch 语句是使用整型或枚举类型表达式的语句，表达式的计算结果必须为以下类型之一。

（1）bit<W>。

（2）int<W>。

（3）enum。

（4）error。

所有 switch 标签必须是常量表达式，并且必须可以隐式地转换为与 switch 表达式相同的类型。示例代码如下：

```
// 假设 hdr.ethernet.etherType 的类型是 bit<16>
switch (hdr.ethernet.etherType) {
    0x86dd: { /* 代码省略 */ }
    0x0800: // 继续执行下一段代码
    0x0802: { /* 代码省略 */ }
    0xcafe: { /* 代码省略 */ }
```

```
    default: { /* 代码省略 */ }
}
```

switch 语句使用时需要注意以下三点。

（1）如果 switch 语句的两个标签相等，则为编译时错误。

（2）switch 语句标签值不需要包括 switch 表达式的所有可能值。

（3）switch 语句的默认标签 default 是可选的，但是如果存在，则必须是 switch 语句中的最后一个标签。

当执行 switch 语句时，首先计算 switch 表达式，并且计算结果在执行任何标签时都是可见的。

如果 switch 表达式的值不等于任何一个标签，则有以下两种情况。

（1）如果有默认标签，则执行默认标签对应的语句。

（2）如果没有默认标签，则不会执行任何语句。但是 switch 表达式的计算结果仍将保持。

select 语句与 switch 语句类似，但是只能用在 parser 中，在 3.8 节将进行详细介绍。

3.6.4　return 语句

P4 中的 return 语句用于从包含它的函数、action 或 control 中立即终止执行，返回上一层。以下几点需要注意。

（1）parser 中不允许使用 return 语句。

（2）只允许在有返回值的函数中使用 return 后跟表达式的形式。在这种情况下，表达式必须具有与函数的返回值相同的类型。

（3）在执行 return 语句之后，对 out 方向或 inout 方向参数的修改结果仍将保持。

3.6.5　exit 语句

P4 中的 exit 语句立即终止当前执行的所有块的执行，控制流将从当前 action 或者当前 control 及其所有调用方中退出。以下几点需要注意。

（1）parser 或函数中不允许使用 exit 语句。

（2）在执行 exit 语句后，对 out 方向或 inout 方向参数的修改结果仍将保持。

3.7　control

P4 程序主要是通过匹配 – 动作表对报文进行操作的，在 P4 中用 table 来表示。与 table 相关联的匹配条件、动作，以及控制语句使用 control 来抽象和概括。control 将 table、action，以及控制语句组合在一起，形成一个相对独立的模块，类似 C++ 中的 class 的概念。control 相当于类名，table 相当于类中的数据部分，action 相当于类中的方法。

下面将第 2 章中 P4 "hello,world" 中定义的 MyIngress 代码段再次贴出来，MyIngress 就是一个 control：

```
control MyIngress(inout headers hdr,
        inout metadata meta,
        inout standard_metadata_t standard_metadata) {
    action Set_dstAddr() {
        hdr.eth.dstAddr = 0xaabbccddee02;
        standard_metadata.egress_spec = 0x2;
    }

    table mac_match_tbl {
        key = {
            hdr.eth.dstAddr : exact;
        }
        actions = {
            Set_dstAddr;
            NoAction;
        }

        const entries = {(0x112233445566) : Set_dstAddr(); }
        //size = 1024;
        default_action = NoAction();
    }
    apply {
        mac_match_tbl.apply();
    }
}
```

3.7.1　control 的定义

下面是定义 control 的例子。

```
control MyIngress(inout headers hdr,
        inout metadata meta,
        inout standard_metadata_t standard_metadata)
{}
```

control 是没有返回值的，MyIngress 是 control 的名字。MyIngress 有三个参数，都是 inout 方向，即都是可读可修改的参数。hdr 是正在处理的报文头部，由 P4 程序定义；meta 是正在处理的报文的元数据，由 P4 程序定义；standard_metadata 表示标准的元数据，由具体的 Architecture 和 Target 定义。下面是 v1model 架构中 standard_metadata_t 的定义：

```
// v1model.p4
struct standard_metadata_t {
    PortId_t  ingress_port;
    PortId_t  egress_spec;
    PortId_t  egress_port;
    bit<32>   instance_type;
    bit<32>   packet_length;
    bit<32>   enq_timestamp;
```

```
    bit<19>   enq_qdepth;
    bit<32>   deq_timedelta;
    bit<19>   deq_qdepth;
    bit<48>   ingress_global_timestamp;
    bit<48>   egress_global_timestamp;
    bit<16>   mcast_grp;
    bit<16>   egress_rid;
    bit<1>    checksum_error;
    error     parser_error;
    bit<3>    priority;
}
```

在 v1model 架构中，ingress_port 表示报文的入端口，即报文是从哪个端口接收的。egress_spec 表示报文的出端口，在 ingress 流水线中设置。

3.7.2　action

action 是可以修改正在处理的报文的代码片段。action 包含表项匹配命中后执行的语句及需要的数据（action data），原型定义如下：

```
action action_name ( 参数 )
{
    语句；
}
```

其中，action 是关键字，action_name 是标识符，参数和语句都是可选的。

1. action 的定义

在语法上，action 类似于没有返回值的函数。action 是控制面在运行时动态影响数据面行为的主要结构。action 如果在全局进行声明，则它的作用域是全局的；action 如果在某个 control 内进行声明，它的作用域仅限于所在的 control。

action 可以包含数据，这些数据由控制面写入，然后在数据面读取。示例代码如下：

```
action set_dst_addr(bit<9> port) {
    hdr.eth.dstAddr = 0xAABBCCDDEE02;
    standard_metadata.egress_spec = 0x2;
}
```

上述代码定义了一个 action，名字为 set_dst_addr，它包含一个参数 port。它的功能是修改以太网头部的目的 MAC 地址，并根据控制面配置的参数设置出端口。控制面需要对每个表项都配置 port 参数。

注意：action 是可以使用所在 control 的参数的。set_dst_addr 使用了 MyIngress 的参数 hdr 和 standard_metadata。

2. action 的调用方法

action 有两种调用方式：隐式调用和显式调用。

（1）隐式调用：在"匹配 – 动作"处理期间由 table 执行。查表命中或未命中时执行对应的 action。

（2）显式调用：由 control 或者其他的 action 显式调用。在任何一种情况下，都必须明确提供 action 所有参数的值，包括无方向参数的值。

3. action 的使用限制

以下列举了 P4 中 action 的使用限制，编写程序时需要注意以下几点。

（1）action 可以使用所在 control 的参数，以及 action 本身定义的参数。

（2）没有方向的 action 参数表示动作数据，这些参数必须出现在参数列表的末尾，它们一般由控制面提供，或者由数据面的 default_action 属性或者 const entries 属性指定。

（3）action 参数不能有 extern 类型。

（4）action 中不允许使用 switch 或 select 语句。但是在某些 Target 中可以使用 if 语句。

（5）action 中可以使用 return 语句，含义是立即终止执行。

4. action 和函数的区别

action 与函数非常类似，但是也有明显的区别，具体表现为以下几点。

（1）action 不能有返回值，而函数可以有返回值。

（2）在某些 Target 中，action 中不能包含条件语句，而函数中可以包含条件语句。

（3）action 支持通过 table 匹配隐式地调用，而函数只能显式地调用。

3.7.3　table

table 主要用于定义匹配项、匹配方法及匹配命中后执行的操作。

1. table 的定义

table 是由一组键值对属性定义的，常用的 table 属性包括如下几个。

（1）key：定义用于匹配的 key 的表达式。

（2）action 列表：table 中的所有 action 结构。代码如下所示：

```
table table_name {
    key = {
    字段 1：匹配方法 1；
        字段 n：匹配方法 n；
    }
    action = {
    action_1;
    action_n;
    }
}
```

此外，table 还可以选择性地定义以下属性。

（1）default_action：即默认操作，当在 table 中无法找到匹配项时执行的操作。

（2）size：指定 table 大小的整数。

> **注意**：不能在一个 control 中多次实例化同一个 table。为了创建一个 table 的多个实例，可以多次实例化该 control。

2. table 的属性

1）key

key 是 table 的一个关键属性，可以用 e:m 形式来描述，其中 e 是描述 table 中要匹配的字段的表达式，m 是一个 match_kind 类型，用于描述执行匹配的算法。

match_kind 类型，是配合匹配 – 动作表机制设计的类型，P4 核心库（core.p4 文件）包含以下 match_kind 声明：

```
match_kind {
    exact,
    ternary,
    lpm
}
```

exact 表示精确匹配。当输入值等于某个匹配项时表示匹配成功。

ternary 表示基于三态匹配，或者叫掩码匹配。由控制面写入 value 和 mask，当输入值 & mask == value 时表示匹配成功。

lpm 表示最长前缀匹配。lpm 根据 key 同时查找多个匹配项，然后选择具有最长前缀的匹配项作为最终的结果。

具体的 Target 和编译器可以额外支持其他 match_kind 类型，如范围匹配（range）等。新的 match_kind 类型必须在 P4 核心库中声明，P4 程序不能声明新的 match_kind 类型。match_kind 使用的示例代码如下：

```
table mac_match_tbl {
    key = {
        hdr.eth.dstAddr : exact;
    }
    ...
}
```

这段代码定义了 mac_match_tbl 这个表的 key 以及匹配方法。mac_match_tbl 表使用的 key 是 hdr.eth.dstAddr，对应的匹配方法是精确匹配。

一个表的 key 可以包含多个字段，并且每个字段可以使用不同的匹配方法，代码如下所示：

```
table fwd_tbl {
    key = {
        ipv4header.dstAddress : ternary;
        ipv4header.version : exact;
```

```
        }
        ...
}
```

这段代码的作用如下。

（1）设置 fwd_tbl 的 key 为 <ipv4header.dstAddress,ipv4header.version>。

（2）对 ipv4header.dstAddress 这个字段，采用掩码匹配的方式进行匹配。

（3）对 ipv4header.version 这个字段，采用精确匹配的方式进行匹配。

注意： 只有对 key 的每个字段都匹配成功，该表项才算匹配成功。

table 一般都有 key 属性，表示匹配某个特定条件后执行某个特定动作。但是也可以没有 key。如果 table 没有 key 属性，那么它只包含一个默认动作，它对每一个的报文都执行该默认动作。

2）actions

注意这里是 actions，不是 action，多了个 s，它表示 table 中所有的 action 的列表，包括 default_action。

某个 table 的 action 列表中的 action 必须具有不同的名字，不同 table 的 action 可以具有相同的名字。

action 的参数有的由控制面提供，有的由数据面提供。对 action 的参数进行指定的过程，被称为绑定。每个具有方向（in、out 或 inout）的 action 参数必须在 action 列表中进行绑定。可以使用变量或者常量进行绑定。无方向参数由控制面提供，不需要绑定。

下面的例子展示了有关 action 参数绑定的规则：

```
action a(in bit<32> x)
{
    /* 代码省略 */
}
bit<32> z;
action b(inout bit<32> x, bit<8> data)
{
    /* 代码省略 */
}
table t {
    actions = {
        a;          // 错误：a() 的 x 参数必须被绑定
        a(5);       // 正确：a() 的 x 参数绑定为 5
        b(z);       // 正确：a() 的 x 参数绑定为 z
        b(z, 3);    // 错误：无方向参数 data 不能用 3 来绑定
        b();        // 错误：b() 的参数 x 必须被绑定
    }
}
```

3）default_action

当 table 查找未命中时，将执行默认的 action，被称为 default_action。default_action

是可选的。如果存在，则 default_action 属性必须出现在 action 列表中的最后边。default_action 中的无方向参数，可以由控制面改变。如果一个 table 没有指定 default_action，并且 table 查找没有命中，那么该 table 对该报文不做任何修改。

4）表项

table 的表项通常由数据面设定大小，然后由控制面赋值。

P4 也支持使用常量表项（const table entries），常量表项是不可变的，即只能被读取，不能被控制平面更改或删除。它可以有效地实现一些固定的算法，节省流水线中的计算资源。

在第 2 章中，P4 "hello,world" 实例就使用了常量表项：

```
table mac_match_tbl {
    key = {
        hdr.eth.dstAddr : exact;
    }
    actions = {
        set_dst_addr;
        NoAction;
    }
    const entries = {(0x112233445566) : set_dst_addr(); }
    default_action = NoAction();
}
```

5）size

size 用于给编译器提示表项的数量，必须是常量表达式，其值必须是整数。

注意：如果 table 的 size 的值为 N，因为哈希冲突等因素的限制，控制面并不能一定插入 N 个表项。

6）table 的其他属性

可以使用 implementation 属性将附加信息传递给编译器后端，该属性可以指定 extern 组件。

例如，P4 的 ActionProfile 组件可以优化表中有大量表项但与这些表项相关联的动作只有少量值的情况，通过引入间接层，共享相同的 action，可以显著减少表的存储容量。ActionProfile 组件的示例如下：

```
extern ActionProfile {
    ActionProfile(bit<32> size);
}
table tbl {
    actions = { /* 代码省略 */ }
    implementation = ActionProfile(1024);
}
```

3. table 的调用方法

通过调用 table 的 apply 方法来调用 table，示例代码如下：

```
apply {
    mac_match_tbl.apply();
}
```

对 table 的实例调用 apply 方法将返回一个具有三个字段的结构类型的值，该结构由编译器自动合成。对于每个 table T，编译器合成一个 enum 和一个 struct，使用 P4 伪代码描述如下：

```
enum action_list(T) {
    // table T 中每一个 action 的枚举
}
struct apply_result(T) {
    bool hit;
    bool miss;
    action_list(T) action_run;
}
```

如果在 table 中找到匹配项，则 apply 方法的执行会将 hit 字段设置为 true，将 miss 字段设置为 false；如果未找到匹配项，则将 hit 字段设置为 false，将 miss 字段设置为 true。示例代码如下：

```
if (mac_match_tbl.apply().hit) {
    // hit
} else {
    // miss
}
```

action_run 字段表示执行了哪个具体的 action，可以在 switch 语句中使用，示例代码如下：

```
switch (mac_match_tbl.apply().action_run) {
    set_dst_addr: { return; }
    default: { /* 代码省略 */ }
}
```

3.7.4　control 调用的方法

control 可以由 package 调用（3.10 节将介绍 package 的概念），也可以由另一个 control 调用。以下示例展示了如何在一个 control 中调用另一个 control：

```
control Callee(inout IPv4 ipv4) {
    /* 代码省略 */
}

control Caller(inout Headers h) {
    Callee() instance;
    apply {
```

```
        instance.apply(h.ipv4);
    }
}
```

control 使用的限制和约束主要有以下三点。

（1）control 中不能实例化 parser。

（2）control 中除了 exit 语句外不支持其他异常控制流。

（3）control 不支持 verify、reject 等语句。

3.8　parser

P4 中的 parser 主要作用是解析报文，在 parser 中可以实现以下功能。

（1）提取报文头部数据，保存到对应的 header 结构中。

（2）根据报文头部的信息，设置 metadata，方便以后在流水线中处理。

（3）对报文的合法性进行校验。

（4）丢弃不合法的报文。

parser 从逻辑上看是一个有限状态机（Finite State Machine，FSM），底层是由 TCAM 实现的。

3.8.1　parser 的定义

parser 的声明一般由一个名字、参数列表、局部变量和 parser 状态组成。parser 应该至少有一个 packet_in 类型的参数，表示已经接收并正在处理的数据包。

下面是一个 parser 的示例：

```
parser TopParser(packet_in b, out Parsed_packet p)
{
    Checksum16() ck; // 实例化一个校验和组件
    state start {
        b.extract(p.ethernet);
        transition select(p.ethernet.etherType) {
            0x0800: parse_ipv4;
            // 没有默认标签，丢弃非 IPv4 报文
        }
    }
    state parse_ipv4 {
        b.extract(p.ip);
        verify(p.ip.version==4w4,error.IPv4IncorrectVersion);
        verify(p.ip.ihl==4w5,error.IPv4OptionsNotSupported);
        ck.clear();
        ck.update(p.ip);
        // 验证报文校验和的正确性
        verify(ck.get() == 16w0, error.IPv4ChecksumError);
        transition accept;
    }
```

```
}
```

这段代码定义了一个名字叫作 TopParser 的 parser，它有两个参数（packet_in b, out Parsed_packet p），它定义了 4 个状态，其中 start 和 parse_ipv4 是显式定义的，accept 和 reject 是系统已经定义好的。

TopParser 的作用是对 IPv4 报文进行解析，提取 IPv4 报文头部，并对 IPv4 报文头部进行校验和校验。如果校验和正确，则将状态机设置为 accept 状态，接收报文，送到流水线中继续处理；否则将状态机设置为 reject 状态，丢弃报文。

parser 的状态分为两类，一类是系统定义好的，包括 accept、reject 状态；另一类是程序中使用 state 关键字定义的状态，如上述代码中的 start 状态和 parse_ipv4 状态。parser 的状态机从 start 状态开始，而且有且只有一个 start 状态。

在 parser 中根据程序逻辑和报文状态进行状态机的跳转。如果最终解析成功，则将状态机设置为 accept 状态；如果解析失败，则将状态机设置为 reject 状态。

3.8.2　parser 中的语句

parser 主要的作用是解析报文，与 control 中允许使用的语句有很大的不同。parser 中可以包含以下特殊的语句，这些语句在 control 中是不能使用的。

1）select 语句

parser 中不允许使用 if 语句，为了实现类似的功能，可以使用 select 语句。select 语句与 control 中可以使用的 switch 语句非常相似，但也有不同，所以 P4 设计了两个不同的关键字加以区分。

select 语句由一个表达式列表、标签列表和状态列表组成，示例如下：

```
header IPv4_h
{
    bit<8> protocol; /* 省略其他成员 */
}

struct P
{
    IPv4_h ipv4; /* 省略其他成员 */
}

P p;

state parse_ipv4 {
    select (p.ipv4.protocol) {
        8w6      : parse_tcp;
        8w17     : parse_udp;
        _        : accept;
    }
}
state parse_tcp {
    select (p.tcp.port) {
```

```
        16w0 &&& 16w0xFC00: well_known_port;
        _: other_port;
    }
    ...
}
```

select 语句的标签，支持几种典型的格式。

（1）单个值，如这里的 8w6、8w17。

（2）忽略值，如这里的 "_"，表示如果其他标签都未命中时，匹配该标签。

（3）掩码值，如 16w0 &&& 16w0xFC00，表示 p.tcp.port &（16w0xFC00）是否为 16w0。TCP 系统端口号范围是 0 到 1023，如果端口号在系统端口号范围内，它与 0xFC00 相与，结果是 0。

（4）范围值，如 4w6..4w15。

（5）元组，参考第 3.3.7 节介绍的"乘积操作符"。

P4 按照从上到下的顺序，依次将 select 表达式的值与标签进行匹配，由第一个匹配的标签提供结果状态。如果没有匹配的标签，将触发运行时错误，标准错误代码为 error.NoMatch。

依据协议规定，IPv4 头部可以包含选项，也可以不包含选项。如果不包含，则 IPv4 头部长度为 20 字节；如果包含，则 IPv4 头部最大长度为 60 字节。在下面的代码中，范围表达式 4w6..4w15 表示一个集合，其中包含 6 到 15 一共 10 个元素。范围值的书写方式极大地简化了编程，下面的例子展示了标签是范围值的使用方法：

```
state parse_ipv4_len {
    packet.extract(hdr.ipv4);
    transition select(hdr.ipv4.ihl) {
        4w5 : parse_ipv4_hdr_without_option;
        4w6..4w15 : parse_ipv4_hdr_with_option;
        default: reject;
    }
}
```

注意：select 标签的值的集合可以"重叠"。"重叠"表示标签的值既可以是重复的，也可以是包含关系。这是 P4 select 语句和许多编程语言的 switch 语句之间的一个重要区别。

2）transition 语句

transition 语句的作用是实现状态机的转移，从一个状态转移到另一个状态，类似 C 语言的 goto 语句。示例代码如下：

```
parser SwitchIngressParser(packet_in pkt,
        out header_t hdr,
        out metadata_t ig_md,
        out ingress_intrinsic_metadata_t ig_intr_md)
{

    state start {
        transition parse_ethernet;
```

```
    }

    state parse_ethernet {
        pkt.extract(hdr.ethernet);
        transition parse_ipv4;
    }

    state parse_ipv4 {
        pkt.extract(hdr.ipv4);
        transition accept;
    }
}
```

上述代码依次实现了 start 状态，到 parse_ethernet，再到 parse_ipv4 状态的转移。

注意：select 语句中省略了 transition 关键字。

3）verify 语句

verify 类似于 C 语言的 assert。它对表达式求值，如果为 true，继续执行后续语句；如果为 false，则返回一个错误码，将 parser 状态设置为 reject 状态，并立即终止当前报文的解析过程。

对于一个合法的 IPv4 报文，其 IPv4 头部的 version 字段的值一定是 4，否则便是错误。下面的代码实现了 IPv4 头部的 version 字段的校验：

```
verify(p.ip.version==4w4, error.IPv4IncorrectVersion);
```

注意：verify 语句只允许在 parser 中使用。

3.8.3　parser value set

parser 一般是由 P4 代码定义的，一旦代码经过编译并加载到芯片后，功能便固定了，不可以更改了。那么有没有方法对 parser 的某些配置进行运行时动态修改，从而在一定程度上动态修改 parser 的逻辑呢？

P4 提供的 parser value set 机制能实现这种需求。parser value set 是一个命名值集合，并包含一个运行时 API，用于在该集合中插入和删除元素。

parser value set 在 parser 中作为局部变量进行声明，并且可以作为 select 表达式中的标签。

假设 P4 程序要匹配 TCP 的某些端口号，然后进行处理，并且这些端口号不是固定的，需要由控制面动态修改和下发。使用下面的代码可以实现这个需求，其中 parser value set 由控制平面通过 P4Runtime 规范中指定的方法进行修改。示例代码如下：

```
struct vsk_t {
    @match(exact)
    bit<16> port;
}
```

```
value_set<vsk_t>(4) pvs;

select (p.tcp.port) {
    pvs: runtime_defined_port;
    _: other_port;
}
```

上述代码使用 value_set 关键字定义了一个包含 4 个元素的集合 pvs，每个元素的类型是 struct vsk_t。当报文的 p.tcp.port 的值属于 pvs 集合时，命中 select 语句的 pvs 标签，状态转移到 runtime_defined_port 继续执行；否则状态转移到 other_port。

注意：struct vsk_t 结构使用 @match（exact）定义了匹配类型。如果不指定，默认是精确匹配。

3.9 deparser

deparser 与 parser 相对应，它的作用是构造报文，然后发送出去，它还可以包含计算校验和、复制报文等操作。

P4 语言并未定义一个 deparser 类型，而是复用了 control 类型实现 deparser 功能。deparser 中至少包含一个 packet_out 类型的参数。

例如，以下代码首先将以太网头部写入 packet_out，然后将 IPv4 头部写入 packet_out：

```
control TopDeparser(inout Parsed_packet p, packet_out b) {
    apply {
        b.emit(p.ethernet);
        b.emit(p.ip);
    }
}
```

注意：仅当报文头部有效时，emit 操作才会将报文头部填加到 packet_out，否则是不会填加的。报文的数据部分，会被隐含地发送出去，不需要显式地写出来。

3.9.1 将数据插入报文

packet_out 数据类型在 P4 核心库中定义。它支持 emit 方法，用于将数据附加到报文中发送出去。emit 原型定义如下所示：

```
extern packet_out {
    void emit<T>(in T data);
}
```

emit 方法支持将 header、header stack、header union 或者 struct 中包含的数据附加到输出报文中。

（1）当 emit 方法应用于 header 时，如果 header 的有效位为 true，则 emit 方法会将其添加到报文中；否则不添加。

（2）当 emit 方法应用于 header stack 时，会对 header stack 的每个元素递归地调用 emit 方法。

（3）当 emit 方法应用于 struct 或 header union 时，会对每个成员递归地调用 emit 方法。注意，struct 不能包含 error 或 enum 类型的字段，因为这些类型无法被序列化。

3.9.2　计算 checksum

一个合法的报文一般需要包含正确的校验和。在发送报文时，计算校验和是一个重要的步骤。P4 中可以利用 checksum 组件，对报文的校验和进行计算。对于 IPv4 头部的校验和，可以采用全量计算的方式，但是对于 TCP 或者 UDP 头部的校验和，一般采用增量计算的方式。

以下代码展示了如何计算 IPv4 头部的校验和：

```
header ipv4_h {
    bit<4> version;
    bit<4> ihl;
    bit<8> diffserv;
    bit<16> total_len;
    bit<16> identification;
    bit<3> flags;
    bit<13> frag_offset;
    bit<8> ttl;
    bit<8> protocol;
    bit<16> hdr_checksum;
    ipv4_addr_t src_addr;
    ipv4_addr_t dst_addr;
}

control MyComputeChecksum(inout header_t hdr, inout metadata meta)
{
    apply {
        update_checksum(
            hdr.ipv4.isValid(),
            { hdr.ipv4.version,
              hdr.ipv4.ihl,
              hdr.ipv4.diffserv,
              hdr.ipv4.total_len,
              hdr.ipv4.identification,
              hdr.ipv4.flags,
              hdr.ipv4.frag_offset,
              hdr.ipv4.ttl,
              hdr.ipv4.protocol,
              hdr.ipv4.src_addr,
              hdr.ipv4.dst_addr
            },
            hdr.ipv4.hdr_checksum,
            HashAlgorithm.csum16);
```

```
        }
    }
```

3.10 package

2.3 节介绍了 v1model 架构，为方便读者阅读，将 v1model 架构的流水线再画一遍，如图 3-1 所示。

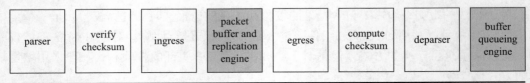

图 3-1   v1model 流水线

P4 中提供了 package 类型，用于将流水线中的各个组件有机组合在一起。每个 P4 程序必须至少实例化一个 package。

先看一下 v1model.p4 文件中 V1Switch 的原型定义：

```
package V1Switch<H, M>(Parser<H, M> p,
                       VerifyChecksum<H, M> vr,
                       Ingress<H, M> ig,
                       Egress<H, M> eg,
                       ComputeChecksum<H, M> ck,
                       Deparser<H> dep
                       );
```

对应图 3-1，2.4 节中的 P4 "hello,world" 是通过以下代码对 V1Switch 进行实例化的：

```
V1Switch(
    MyParser(),
    MyChecksum(),
    MyIngress(),
    MyEgress(),
    MyDeparserChecksum(),
    MyDeparser()
) main;
```

从上述代码中可以看到，v1model 的 6 个可编程组件，在 P4 "hello,world" 中，依次对应 MyParser()、MyChecksum()、MyIngress()、MyEgress()、MyDeparserChecksum() 和 MyDeparser()。

3.11 本章小结

本章详细介绍了 P4 语言的数据类型、表达式、语句，以及控制语句，并详细介绍了 P4 中 control、parser、deparser 等重要可编程组件，为进行 P4 编程进行了知识储备。

第 4 章　P4 开发环境搭建

在第 2 章的 P4 "hello,world" 实例程序中，为了简单起见，使用了 P4 沙盒实验平台提供的开发环境。它节省了搭建 P4 开发环境的时间，避免读者在初学阶段就陷入搭建开发环境的烦琐细节中。但是，这个环境的功能非常有限，特别是缺少控制面的功能，这与实际的 P4 项目开发有很大的差异。为了完整学习 P4 数据面和控制面的知识并进行实践，需要搭建一个功能完整的 P4 开发环境。

一般来说，P4 程序在编译之后，需要运行在支持 P4 的交换机上，或者其他支持 P4 的硬件平台上。但是大多数读者由于条件所限，很难找到支持 P4 的交换机或者其他硬件平台。搭建一个硬件无关但功能完整的 P4 开发环境，最简便的方法是使用 BMv2。

BMv2 是一个用 C++ 编写的开源 P4 交换机模拟器软件，可以运行在 Linux 系统上。BMv2 提供的数据面接口可以加载并运行 P4 数据面程序，而它所提供的控制面接口可以接收 P4 控制面命令并进行表项配置。

当加载特定 P4 程序的 BMv2 软件交换机运行后，网络报文进入 BMv2 的输入端口，经过 P4 程序处理，处理完成之后从 BMv2 的输出端口发送出去，如图 4-1 所示。

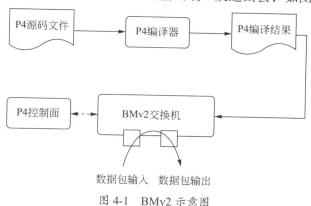

图 4-1　BMv2 示意图

BMv2 主要包括如下几个程序。

（1）simple_switch_grpc：BMv2 的 grpc 版本，数据面支持 v1model 编程架构，控制面支持 grpc 接口。

（2）psa_switch：数据面支持 PSA 编程架构。

（3）simple_switch_CLI：一个命令行程序，可以以命令行的方式对 BMv2 交换机进行各种控制，包括表项增删查改、查看端口配置等。

本章将介绍如何搭建 P4 BMv2 开发环境，并在该环境中编译并运行第 2 章中的 P4 "hello,world" 实例程序。

搭建一个完整的 P4 开发环境的详细流程如下所示。

（1）准备测试机器（物理机、虚拟机或者容器）。

（2）安装特定版本的操作系统。

（3）安装 P4 编译器 p4c。

（4）安装软件交换机 BMv2。

（5）设置 BMv2 的网络拓扑。

（6）编写 P4 程序，生成 P4 源代码文件。

（7）使用 p4c 编译器对 P4 源代码文件进行编译，生成编译结果。

（8）将编译结果加载到 BMv2 交换机中运行。

本书以使用 VirtualBox 虚拟机搭建 P4 开发环境为例，详细介绍 P4 开发环境的搭建过程，供读者参考。

4.1 使用虚拟机搭建 P4 开发环境

本书的虚拟机软件选择 VirtualBox，操作系统版本选择 Ubuntu 20.04，P4 社区为 Ubuntu 20.04 提供了 BMv2 软件源，可以方便地使用 apt install 命令一键安装 BMv2 和 p4c 工具。

4.1.1 安装 Ubuntu 20.04

安装步骤如下所示。

（1）下载并安装 VirtualBox。

（2）下载 Ubuntu 20.04 iso 文件。

（3）在 VirtualBox 中创建一个虚拟机，磁盘大小至少为 20G，内存大小至少为 4G，虚拟光盘选择刚才下载的 Ubuntu 20.04 的 iso 文件。

（4）启动虚拟机，根据提示安装 Ubuntu 20.04 系统。安装完成后，重启虚拟机，登录 Ubuntu 20.04 系统。

4.1.2 安装 P4 开发环境

在 Ubuntu 20.04 系统中执行几条命令（完整命令参见本书配套电子资源），然后可以通过以下命令确认 P4 开发环境是否安装成功：

```
$ p4c-bm2-ss --version
p4c-bm2-ss
Version 1.2.3.0 (SHA: 1576090 BUILD: RELEASE)
$ simple_switch_grpc --version
1.15.0-f745e1db
```

其中，p4c-bm2-ss 是 p4c 提供的支持 BMv2 target 的编译器，simple_switch_grpc 是 BMv2 支持 gRPC 接口的二进制程序。

本书使用 Scapy 工具构造特定报文，使用 tcpdump 工具对报文进行观察和分析。请读者自行学习如何安装这两个工具。

笔者为读者准备了一个完整的 VirtualBox 虚拟机镜像，包含 Ubuntu 20.04 系统和 P4 开发环境，以及 Scapy 和 tcpdump 等工具。读者可以通过本书配套资源压缩包中获取下载链接，然后直接使用。

4.2　BMv2 网络拓扑的搭建

为了使 BMv2 交换机能够接收和发送报文，需要给 BMv2 交换机指定端口。BMv2 交换机可以使用物理端口，也可以使用虚拟端口。为了测试方便，通常使用 Linux veth 设备作为 BMv2 的端口。veth 是 Linux 的一种虚拟网络设备，总是成对出现，向一端发送报文，另一端就可以收到报文。

首先打开终端，在系统里创建两对 veth 设备，命令如下所示。

```
sudo ip link add veth0 type veth peer name veth1
sudo ip link add veth2 type veth peer name veth3
```

veth0 和 veth1 组成一对，如果向 veth0 发送一个报文，就可以从 veth1 接收一个报文，反之亦然。

然后在运行 BMv2 软件交换机的时候，可以使用 –i 参数将 veth 接口作为参数传递给 BMv2，命令如下所示：

```
sudo simple_switch_grpc helloworld.json --log-console -i 1@veth0 -i 2@veth2
Calling target program-options parser
...
Adding interface veth0 as port 1
[17:00:13.362] [bmv2] [D] [thread 57518] Adding interface veth0 as port 1
Adding interface veth2 as port 2
[17:00:13.364] [bmv2] [D] [thread 57518] Adding interface veth2 as port 2
...
```

–i 参数表示添加一个端口（interface），–i 1@veth0 表示把交换机的 1 号端口（port1）连接到 veth0 上。同理，–i 2@veth2 表示把交换机的 2 号端口（port2）连接到 veth2 上。

添加完端口之后，BMv2 交换机就可以通过 port1 和 port2 收发包了。在交换机内部，可以在 port1 和 port2 之间转发报文；在交换机外部，可以通过 veth1、veth3 和交换机进行数据包的收发。拓扑图如图 4-2 所示。

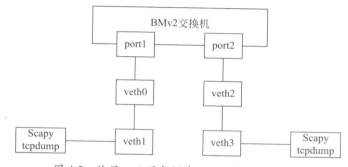

图 4-2　使用 veth 设备搭建 BMv2 交换机拓扑图

例如，使用 Scapy 从 veth1 发包，数据包会通过 veth1 发给 veth0，然后通过 veth0 进入 BMv2 交换机的 port1，在 BMv2 交换机内经过处理之后，可以从 port1 或者 port2 发出。如果从 port2 发出，包会从 port2 转发给 veth2，然后从 veth2 转发给 veth3。在 veth3 上使用 tcpdump 抓包，就可以抓到 BMv2 发出去的包。

注意：如果两个端口不够用，可以使用同样的方法创建更多端口添加到 BMv2 交换机上。

4.3 P4 程序的编译和运行

本节介绍如何在搭建好的 P4 开发环境中编译运行 P4 "hello,world" 实例程序。代码下载地址请从本书配套资源包中获取，目录为 01-helloworld。

4.3.1 编译 P4 "hello, world" 实例程序

p4c-bm2-ss 编译器支持 BMv2 Target，其基本用法如下所示。

```
p4c-bm2-ss 源文件名 -o 编译结果文件名
```

编译 helloworld.p4 的命令如下所示。

```
p4c-bm2-ss helloworld.p4 -o helloworld.json --p4runtime-files
helloworld.p4.p4info.txt
```

这里还需说明以下几点。

（1）编译 P4 程序的时候，命令里只需要写顶层 P4 文件名即可，其他文件是通过 include 的方式包含在顶层文件里的。

（2）BMv2 编译器的编译结果是 JSON 文件，这是 BMv2 平台的特殊约定。其他 Target（如 Tofino）的编译结果可能是二进制等其他格式。

（3）helloworld.json 中主要是 P4 流水线各个组件的定义，BMv2 根据 JSON 文件定义 P4 流水线，对输入报文按照定义的流水线进行处理。

（4）helloworld.p4.p4info.txt 保存了 helloworld.p4 控制面的信息。P4 控制面可以根据 helloworld.p4.p4info.txt 文件，通过 gRPC 接口向 BMv2 交换机动态下发表项配置信息。有关 P4 控制面的内容请参考第 5 章内容。

4.3.2 运行 P4 "hello, world" 实例程序

启动 4 个终端，这 4 个终端的作用如下所示。

（1）第 1 个终端：启动 BMv2 交换机。并且在第一个终端上可以观察 BMv2 交换机在接收报文、执行 P4 程序时的日志，方便调试。

（2）第 2 个终端：启动 simple_switch_CLI 程序，观察 BMv2 交换机表项配置。

（3）第 3 个终端：启动 tcpdump，观察 BMv2 交换机端口发出的报文。

（4）第 4 个终端：启动 Scapy 发包程序，向 BMv2 交换机端口发送报文。

准备好 4 个终端后，分别执行以下操作。

（1）在第 1 个终端上启动 BMv2 交换机：

```
sudo simple_switch_grpc helloworld.json --log-console -i 1@veth0
-i 2@veth2
Calling target program-options parser
[17:00:13.360] [bmv2] [D] [thread 57518] Set default default entry for
table 'MyIngress.mac_match_tbl': NoAction -
[17:00:13.360] [bmv2] [D] [thread 57518] Entry 0 added to table
'MyIngress.mac_match_tbl'
[17:00:13.361] [bmv2] [D] [thread 57518] Dumping entry 0
Match key:
* hdr.eth.dstAddr    : EXACT 112233445566
Action entry: MyIngress.set_dst_addr -

Adding interface veth0 as port 1
[17:00:13.362] [bmv2] [D] [thread 57518] Adding interface veth0 as port 1
Adding interface veth2 as port 2
[17:00:13.364] [bmv2] [D] [thread 57518] Adding interface veth2 as port 2
Server listening on 0.0.0.0:9559
[17:00:13.368] [bmv2] [I] [thread 57518] Starting Thrift server on port 9090
[17:00:13.369] [bmv2] [I] [thread 57518] Thrift server was started
```

从屏幕输出中可以得到很多信息。

① MyIngress.mac_match_tbl 表的默认 action 是 NoAction。

② MyIngress.mac_match_tbl 表的第 0 项，key 是 112233445566，action 是 MyIngress.set_dst_addr。

③ 交换机的 port 1 是 veth0，port 2 是 veth1。

④ 9559 端口启动了一个服务，实际上是 gRPC 服务，详见第 5 章内容。

⑤ 9090 端口启动了一个 Thrift 服务。

（2）在第 2 个终端上启动 simple_switch_CLI 程序。其中 "RuntimeCmd:" 是提示符。

① 运行 show_ports 命令，可以看到 BMv2 有两个端口：

```
RuntimeCmd: show_ports
   port #      iface name        status        extra info
============================================================
     1          veth0             UP
     2          veth2             UP
```

② 运行 show-tables 命令，可以看到数据面的表 MyIngress.mac_match_tbl：

```
RuntimeCmd: show_tables
MyIngress.mac_match_tbl   [implementation=None, mk=eth.dstAddr(exact, 48)]
```

③ 运行 table_dump MyIngress.mac_match_tbl 命令，可以看到表项信息。MyIngress.mac_match_tbl 表目前只有一个表项，它的 key 是 112233445566，action 是 MyIngress.set_dst_addr。MyIngress.mac_match_tbl 表默认的 action 是 NoAction：

```
RuntimeCmd: table_dump MyIngress.mac_match_tbl
==========
```

```
TABLE ENTRIES
**********
Dumping entry 0x0
Match key:
* eth.dstAddr     : EXACT      112233445566
Action entry: MyIngress.set_dst_addr -
==========
Dumping default entry
Action entry: NoAction -
==========
```

（3）在第 3 个终端上启动 tcpdump，对 veth3 端口进行抓包，命令如下所示：

```
sudo tcpdump -i veth3 -nn -XXX
```

（4）将以下 python 脚本的内容保存到 send_packet.py 文件中。

该脚本的作用，构造一个从 1.1.1.2 发到 2.2.2.2 的 TCP 报文，源 MAC 地址为 aa:bb:cc:dd:dd:01，目的 MAC 地址为 11:22:33:44:55:66，并从 veth1 端口发送出去。send_packet.py 脚本代码如下：

```python
#!/usr/bin/env python3
import random
import socket
import sys

from scapy.all import IP, TCP, Ether, get_if_hwaddr, get_if_list, sendp

def main():

    ifname="veth1"
    print("sending a packet on interface %s" % (ifname))
    pkt = Ether(dst="11:22:33:44:55:66", src="aa:bb:cc:dd:ee:01") /
IP(src="1.1.1.2", dst="2.2.2.2") / TCP(dport=80, sport=10000)
    #pkt.show2()
    sendp(pkt, iface=ifname, verbose=False)

if __name__ == '__main__':
    main()
```

（5）在第 4 个终端上启动 send_packet.py 发包脚本：

```
sudo ./send_packet.py
sending a packet on interface veth1
```

（6）在第 3 个终端上观察 tcpdump 抓到的报文。

可以看到，目的 MAC 地址由原来的 11:22:33:44:55:66，经过 BMv2 P4 流水线的处理，修改为 aa:bb:cc:dd:ee:02，与第 2.5 节是一致的，如图 4-3 所示。

```
tcpdump: verbose output suppressed, use -v or -vv for full protocol decode
listening on veth3, link-type EN10MB (Ethernet), capture size 262144 bytes
16:28:36.892512 IP 1.1.1.2.10000 > 2.2.2.2.80: Flags [S], seq 0, win 8192, length 0
        0x0000:  aabb ccdd ee02 aabb ccdd ee01 0800 4500  ..............E.
        0x0010:  0028 0001 0000 4006 74c9 0101 0102 0202  .(....@.t.......
        0x0020:  0202 2710 0050 0000 0000 0000 0000 5002  ..'..P........P.
        0x0030:  2000 627c 0000                           ..b|..
```

图 4-3　tcpdump 抓到的报文

（7）在第 1 个终端上观察 BMv2 P4 流水线的处理过程。在启动 BMv2 交换机时设置 "--log-console" 参数，这样 BMv2 会在终端上输出 P4 流水线的处理过程，方便开发人员调试程序。为了更好地理解 BMv2 输出的信息，笔者给输出日志增加了行编号，并且删除了无关的时间、线程 ID 等信息：

```
 1 Processing packet received on port 1
 2 Parser 'parser': start
 3 Parser 'parser' entering state 'start'
 4 Extracting header 'eth'
 5 Parser state 'start' has no switch, going to default next state
 6 Bytes parsed: 14
 7 Parser 'parser': end
 8 Pipeline 'ingress': start
 9 Applying table 'MyIngress.mac_match_tbl'
10 Looking up key:
11 * hdr.eth.dstAddr    : 112233445566
12
13 Table 'MyIngress.mac_match_tbl': hit with handle 0
14 Dumping entry 0
15 Match key:
16 * hdr.eth.dstAddr    : EXACT 112233445566
17 Action entry: MyIngress.set_dst_addr -
18
19 Action entry is MyIngress.set_dst_addr -
20 Action MyIngress.set_dst_addr
21 helloworld.p4(37) Primitive hdr.eth.dstAddr = 0xaabbccddee02
22 helloworld.p4(38) Primitive standard_metadata.egress_spec = 0x2
23 Pipeline 'ingress': end
24 Egress port is 2
25 Pipeline 'egress': start
26 Pipeline 'egress': end
27 Deparser 'deparser': start
28 Deparsing header 'eth'
29 Deparser 'deparser': end
30 Transmitting packet of size 54 out of port 2
```

① 第 1 行：表示 BMv2 接收到一个报文。

② 第 2 ~ 7 行：parser 处理。

③ 第 8 ~ 23 行：ingress 流水线处理。可以看到报文目的 MAC 地址匹配了表项（第 13 行），然后被修改为 0xaabbccddee02（第 21 行），并且出向端口被修改为 0x2（第 22 行）。

④ 第 24 ~ 30 行：流水线其他阶段的处理，这里从略。

4.4 simple_switch_CLI 使用方法介绍

simple_switch_CLI 作为 BMv2 交换机的命令行交互界面，提供了表项配置、端口配置等常用命令，在 P4 程序的开发和调试中会频繁使用。

4.4.1 simple_switch_CLI 命令概览

在启动 simpel_switch_grpc 后，在另一个终端运行 simple_switch_CLI 命令，即可进入命令行交互界面。在 "RuntimeCmd:" 提示符后键入 help，然后按下回车键，便可显示 simple_switch_CLI 支持的各种命令。这里按照使用频率和重要性进行重新排列，并省略了部分不常用的命令，如表 4-1 所示。

表 4-1 simpel_switch_CLI 命令表

命令分类	命 令	作 用
show	show_tables	显示表的信息
	show_actions	显示表的 action
	show_ports	显示交换机端口信息
	show_pvs	显示 parser value set
端口	port_add	向交换机添加一个新的端口
	port_remove	从交换机删除一个端口
table	table_add	增加一个表项
	table_delete	删除一个表项
	table_dump	显示某个表的所有表项
	table_clear	清除一个表的所有表项
	table_dump_entry	显示某个表的一个表项
	table_show_actions	显示某个表的 action 信息
	table_info	显示某个表的信息
	table_dump_entry_from_key	根据 key 显示某个表的一个表项
	table_modify	修改某个表的一个表项
	table_num_entries	显示某个表的表项数量
	table_reset_default	重新设置某个表的默认表项
	table_set_default	设置某个表的默认 action
	table_set_timeout	设置某个表项的超时时间

其他关于 counter、meter、mirror、register、action profile、多播等的配置命令，可以使用 help 查看帮助信息，这里从略。

4.4.2　通过 simple_switch_CLI 进行表项配置

读者可以发现，4.3 节中的 helloworld.p4 例子，仍然使用 const entry 配置 MyIngress.mac_match_tbl 表的表项。其实 BMv2 支持两种表项配置的方式。

（1）通过 simple_switch_CLI 命令行方式。

（2）通过 grpc 方式。

本节将介绍如何通过 simple_switch_CLI 命令行方式对表项进行配置。这种方式比较简单直接，适合学习或者 debug 使用。

在实际项目中，一般通过 grpc 方式对表项进行配置。在一个完整的 P4 项目开发中，控制面的开发是其中的重要部分。控制面的开发一般比数据面的开发复杂度更大，代码量也更大。5.13 节将详细介绍 P4 控制面的知识。

通过 simple_switch_CLI 命令行方式对表项进行配置，请同样准备 4 个终端，分为以下 8 个步骤。

（1）修改 helloworld.p4 代码。请在 helloworld.p4 文件中找到以下两行代码：

```
const entries = {(0x112233445566) : set_dst_addr(); }
//size = 1024;
```

然后修改为以下两行代码：

```
//const entries = {(0x112233445566) : set_dst_addr(); }
size = 1024;
```

意思是不再使用 const entry 设置表项，将 mac_match_tbl 表的大小设置为 1024。

（2）重新编译新的 helloworld.p4 程序：

```
p4c-bm2-ss helloworld.p4 -o helloworld.json --p4runtime-files
helloworld.p4.p4info.txt
```

（3）在第一个终端上启动 BMv2 交换机：

```
sudo simple_switch_grpc helloworld.json --log-console -i 1@veth0 -i
2@veth2
```

（4）在第二终端上启动 simple_switch_CLI 程序：

```
simple_switch_CLI
Obtaining JSON from switch...
Done
Control utility for runtime P4 table manipulation
RuntimeCmd:
```

（5）在 "RuntimeCmd:" 提示符后输入以下三条命令 show_tables、table_add、table_dump：

```
RuntimeCmd: show_tables
MyIngress.mac_match_tbl      [implementation=None, mk=eth.dstAddr(exact, 48)]
RuntimeCmd: table_dump MyIngress.mac_match_tbl
```

```
==========
TABLE ENTRIES
==========
Dumping default entry
Action entry: NoAction -
==========
RuntimeCmd: table_add MyIngress.mac_match_tbl MyIngress.set_dst_addr
0x112233445566 =>
Adding entry to exact match table MyIngress.mac_match_tbl
match key:           EXACT-11:22:33:44:55:66
action:                  MyIngress.set_dst_addr
runtime data:
Entry has been added with handle 16777216
RuntimeCmd: table_dump MyIngress.mac_match_tbl
==========
TABLE ENTRIES
**********
Dumping entry 0x1000000
Match key:
* eth.dstAddr    :         EXACT          112233445566
Action entry: MyIngress.set_dst_addr -
==========
Dumping default entry
Action entry: NoAction -
==========
```

其中第三条命令 table_add 的格式如下：

```
table_add <table name> <action name> <match fields> => <action
parameters> [priority]
table_add 命令举例如下：
table_add MyIngress.mac_match_tbl MyIngress.set_dst_addr 0x112233445566 =>
```

意思是向 MyIngress.mac_match_tbl 表中插入一个表项，key 是 0x112233445566, action
是 MyIngress.set_dst_addr，并且 action 不带参数。

注意：这条命令中的 => 不能省略。simple_switch_CLI 配置表项的命令顺序：table_
add + table 的名字 + action 的名字 + key => action，使用 => 将 key 和 action 分开。action
可能带有参数。

（6）在第三个终端上启动 tcpdump，对 veth3 端口进行抓包：

```
sudo tcpdump -i veth3 -nn -XXX
```

（7）在第四个终端上启动 send_packet.py 发包脚本：

```
sudo ./send_packet.py
sending a packet on interface veth1
```

（8）在第三个终端上观察 tcpdump 抓到的报文。

可以看到，目的 MAC 地址原来是“1122 3344 5566”，经过 BMv2 P4 流水线的处理，被修改为 aabb ccdd ee02，与 4.3.2 节是一致的，如图 4-4 所示。

```
tcpdump: verbose output suppressed, use -v or -vv for full protocol decode
listening on veth3, link-type EN10MB (Ethernet), capture size 262144 bytes
15:19:20.515237 IP 1.1.1.2.10000 > 2.2.2.2.80: Flags [S], seq 0, win 8192, length 0
        0x0000:  aabb ccdd ee02 aabb ccdd ee01 0800 4500  ..............E.
        0x0010:  0028 0001 0000 4006 74c9 0101 0102 0202  .(....@.t.......
        0x0020:  0202 2710 0050 0000 0000 0000 0000 5002  ..'..P........P.
        0x0030:  2000 627c 0000                           ..b|..
```

图 4-4　tcpdump 抓到的报文

4.5 本章小结

本章以 BMv2 为例，详细介绍了如何搭建一个完整的 P4 开发环境，并以 helloworld.p4 为例，介绍如何编译、运行 P4 程序，输入报文和观察输出报文。本章还介绍了如何通过 simple_switch_CLI 以命令的方式进行 P4 表项的增删查改，该工具在第 5 章编程实例中会频繁使用。本章涉及的开发环境和代码可以从本书配套资源压缩包中找到下载链接。

第 5 章　P4 编程实例

本章通过实例介绍 P4 编程的重要知识点。

P4 编程包括数据面和控制面两大部分。本章先介绍数据面的编程知识,然后介绍控制面的编程知识,大致顺序如下。

(1)介绍 P4 数据面基本的编程知识,包括 parser、deparser 和 Match-Action Table 中各种匹配方式的使用方法,详见 5.1 节至 5.6 节。

(2)介绍有状态资源的使用方法,如 register、counter、meter 等,详见 5.7 节至 5.9 节。

(3)介绍控制报文转发路径的技术,如 resubmit、recirculate、clone、上送 CPU 等,详见 5.10 节至 5.12 节。

(4)介绍控制面和数据面的接口 P4Runtime,详见 5.13 节。

每个编程实例都是按照下面的顺序组织的。

(1)介绍该实例涉及的重要概念以及重要知识点。

(2)介绍该实例要实现的功能。

(3)代码清单。

(4)按照代码的逻辑对涉及的重要的知识点进行详细解释。

(5)介绍如何运行该实例。

(6)实例小结和拓展性问题。

本章中的实例以第 4 章介绍的 P4 开发环境为基础,主要使用 p4c 编译器、BMv2 交换机模拟器,并结合 Linux 系统中的 tcpdump、veth pair、namespace 等工具和技术。本章实例代码下载地址可参考本书配套资源压缩包。

5.1　可编程 parser 实例

本节主要介绍 P4 中可编程 parser 的使用方法。parser,一般翻译为解析器,在交换芯片中,parser 一般用于报文的解析,根据报文的数据提取协议报文头部,方便在后边的流水线中进行处理。

在可编程交换芯片中,parser 是可编程的,程序员可以根据需要,定义自己的解析逻辑。本节实例涵盖的重要知识点如下。

(1)报文头部的定义。

(2)报文解析。

(3)报文头部的修改。

(4)IPv4 头部的校验和计算。

5.1.1　parser 实例的主要功能

为了介绍可编程 parser 的使用方法，本节设计的实例的功能如下。

（1）从 1 号端口接收报文。

（2）进行报文解析，根据协议类型对报文进行标记。

（3）对 tcp 报文 IPv4 头部字段的 ttl 字段减 1。

（4）udp 报文的 IPv4 头部字段的 ttl 字段保持不变，从而方便进行对比。

（5）重新计算 IPv4 头部的校验和。

（6）将报文从 2 号端口发送出去。

> **注意**：因为实例中修改了 IPv4 头部的 ttl 字段，所以要对 IPv4 的头部进行校验和重新计算。为了简化程序，本实例只支持以太网协议、IPv4 协议、TCP 和 UDP 协议，不支持其他协议。

5.1.2　parser 实例的代码清单

代码目录在 02-parser 中。

本实例包含两个文件：header.p4 和 parser.p4。headers.p4 文件主要包含对报文头部的定义。parser.p4 文件主要包含可编程 parser 的代码，以及对 IPv4 ttl 字段进行处理的逻辑。

在 headers.p4 文件中，分别使用 ethernet_h、ipv4_h、tcp_h、udp_h 定义以太网头部、IPv4 头部、tcp 头部和 udp 头部。struct header_t 包含了一个报文中所有可能出现的报文头部。

headers.p4 文件还包含了一些常量定义，如 IPv4 协议，标识符是 ETHERTYPE_IPV4，值是 16w0x0800。headers.p4 文件也包含一些常用的数据结构定义，如 mac 地址、IPv4 地址等。

headers.p4 文件的完整代码如下所示：

```
#ifndef _HEADERS_
#define _HEADERS_

typedef bit<48> mac_addr_t;
typedef bit<32> ipv4_addr_t;
typedef bit<128> ipv6_addr_t;

typedef bit<16> ether_type_t;
const ether_type_t ETHERTYPE_IPV4 = 16w0x0800;

typedef bit<8> ip_protocol_t;
const ip_protocol_t IP_PROTOCOLS_TCP = 6;
const ip_protocol_t IP_PROTOCOLS_UDP = 17;

header ethernet_h {
    mac_addr_t dst_addr;
    mac_addr_t src_addr;
    bit<16> ether_type;
```

```
}

header ipv4_h {
    bit<4> version;
    bit<4> ihl;
    bit<8> diffserv;
    bit<16> total_len;
    bit<16> identification;
    bit<3> flags;
    bit<13> frag_offset;
    bit<8> ttl;
    bit<8> protocol;
    bit<16> hdr_checksum;
    ipv4_addr_t src_addr;
    ipv4_addr_t dst_addr;
}

header tcp_h {
    bit<16> src_port;
    bit<16> dst_port;
    bit<32> seq_no;
    bit<32> ack_no;
    bit<4> data_offset;
    bit<4> res;
    bit<8> flags;
    bit<16> window;
    bit<16> checksum;
    bit<16> urgent_ptr;
}

header udp_h {
    bit<16> src_port;
    bit<16> dst_port;
    bit<16> hdr_length;
    bit<16> checksum;
}

struct header_t {
    ethernet_h ethernet;
    ipv4_h ipv4;
    tcp_h tcp;
    udp_h udp;
}

#endif /* _HEADERS_ */
```

接下来看一看 parser.p4 文件。

parser.p4 文件是程序的主体。本书的实例都是在 BMv2 环境中运行的，支持的 P4 编程架构是 v1model，它依次包含 parser、verify checksum、ingress、egress、compute checksum、deparser 共 6 个可编程模块，因此每个完整的 P4 程序的主体需要包含这 6 个可编程模块。当然，可以将这 6 个可编程模块放在不同的源代码文件中，通过 include 的方式组合在一起。在实际情况中，有的模块相对复杂一些，有的模块相对简单一些。

parser.p4 文件完整代码如下所示：

```
#include <core.p4>
#include <v1model.p4>

#include "headers.p4"

// metadata 随着流水线进行传递，用于标识一个报文是 tcp 报文还是 udp 报文

struct metadata {
    bool is_tcp;
    bool is_udp;
}

parser MyParser(packet_in pkt,
        out header_t hdr,
        inout metadata meta,
        inout standard_metadata_t standard_metadata)
{
    state start {
        meta.is_tcp = false;
        meta.is_udp = false;
        pkt.extract(hdr.ethernet);
        transition select(hdr.ethernet.ether_type) {
            ETHERTYPE_IPV4 : parse_ipv4;
            default : reject;
        }
    }

    state parse_ipv4 {
        pkt.extract(hdr.ipv4);
        transition select(hdr.ipv4.protocol) {
            IP_PROTOCOLS_TCP: parse_tcp;
            IP_PROTOCOLS_UDP: parse_udp;
            default : reject;
        }
    }

    state parse_tcp {
        pkt.extract(hdr.tcp);
        // 这里确定是 tcp 报文，将 meta.is_tcp 字段设置为 true
        meta.is_tcp = true;
        transition accept;
    }

    state parse_udp {
        pkt.extract(hdr.udp);
        meta.is_udp = true;
```

```
                transition accept;
        }
}

control MyVerifyChecksum(inout header_t hdr, inout metadata meta)
{
    apply {}
}

control MyIngress(inout header_t hdr,
        inout metadata meta,
        inout standard_metadata_t standard_metadata)
{
    apply {
        if (meta.is_tcp == true) {
            // 如果是 tcp 报文，则 ttl 值减 1；否则 ttl 值保持不变
            if (hdr.ipv4.ttl == 0) {
                // 如果 ttl 值已经是 0，则直接丢弃报文
                mark_to_drop(standard_metadata);
            } else {
                hdr.ipv4.ttl = hdr.ipv4.ttl - 1;
            }
        }
        // 将报文的出向端口设置为 2 号端口
        standard_metadata.egress_spec = 0x2;
    }
}

control MyEgress(inout header_t hdr,
        inout metadata meta,
        inout standard_metadata_t standard_metadata)
{
    apply { }
}

control MyComputeChecksum(inout header_t hdr, inout metadata meta)
{
    apply {
        // 重新计算 IPv4 头部的 hdr_checksum 字段
        update_checksum(
            hdr.ipv4.isValid(),
            { hdr.ipv4.version,
              hdr.ipv4.ihl,
              hdr.ipv4.diffserv,
              hdr.ipv4.total_len,
              hdr.ipv4.identification,
              hdr.ipv4.flags,
              hdr.ipv4.frag_offset,
              hdr.ipv4.ttl,
              hdr.ipv4.protocol,
              hdr.ipv4.src_addr,
```

```
                    hdr.ipv4.dst_addr
                },
                hdr.ipv4.hdr_checksum,
                HashAlgorithm.csum16);
        }
    }

control MyDeparser(packet_out packet, in header_t hdr) {
    apply {
        // 将报文发送出去
        packet.emit(hdr);
    }
}

V1Switch(
    MyParser(),
    MyVerifyChecksum(),
    MyIngress(),
    MyEgress(),
    MyComputeChecksum(),
    MyDeparser()
)main;
```

5.1.3　parser 实例代码的详细解释

本节将按照代码的逻辑，对涉及的 P4 编程重要知识点进行详细的解释。

1. metadata 的定义和使用

metadata 是 P4 编程中的一个重要概念，它的用法类似于 C 语言中的全局变量。

P4 编程架构将程序分成几个模块，多个模块之间可以使用下面两种方法传递临时数据。

（1）通过报文头部传递。在程序中一般用 header_t hdr 表示。在各个模块中，hdr 一般都用 inout 修饰，表示 hdr 中的数据既能被读取，也能被修改。

（2）通过 metadata 传递。在程序中一般用 metadata meta 表示。在各个模块中，metadata 一般也用 inout 修饰，表示 metadata 中的数据既能被读取，也能被修改。

metadata 随着流水线进行传递，各个可编程组件可以反复读取和修改 metadata 中的数据。

metadata 可以分为两类。

（1）P4 编程架构定义的系统 metadata，如上述代码中的 standard_metadata_t standard_metadata。

（2）程序员自己定义的 metadata，如上述代码中的 metadata meta。

struct standard_metadata_t 是在 v1model.p4 文件中定义的，如以下代码所示：

```
#if V1MODEL_VERSION >= 20200408
typedef bit<9>        PortId_t;
```

```
#endif

@metadata @name("standard_metadata")
struct standard_metadata_t {
#if V1MODEL_VERSION >= 20200408
    PortId_t       ingress_port;
    PortId_t       egress_spec;
    PortId_t       egress_port;
#else
    bit<9>         ingress_port;
    bit<9>         egress_spec;
    bit<9>         egress_port;
#endif
    bit<32>        instance_type;
    bit<32>        packet_length;

    bit<32> enq_timestamp;
    bit<19> enq_qdepth;
    bit<32> deq_timedelta;
    bit<19> deq_qdepth;

    bit<48> ingress_global_timestamp;
    bit<48> egress_global_timestamp;
    bit<16> mcast_grp;
    bit<16> egress_rid;
    bit<1> checksum_error;
    error parser_error;
    bit<3> priority;
}
```

本节主要介绍有关报文端口号的 3 个成员：ingress_port、egress_spec 和 egress_port。

在 struct standard_metadata_t 中，ingress_port 表示接收报文的入向端口号，即接收报文的端口号。

struct standard_metadata_t 中使用了两个成员 egress_spec 和 egress_port 来表示出向端口号。其中，egress_spec 是在 ingress 流水线中使用的，用于指定报文的出向端口号。在 MyIngress 中指定报文的出向端口号时，使用了如下语句：

```
standard_metadata.egress_spec = 0x2;
```

而 egress_port 是在 egress 流水线中使用的，它也表示报文的出向端口号，但是它是个只读变量，不可以被修改。设计单独的 egress_port 字段，主要是为了处理因为复制而产生的报文，如多播报文。在一个多播组中，每个多播报文的出向端口都不一样，在 egress 中使用 egress_port 字段进行区分。

对于 struct standard_metadata_t 中的其他成员，后文用到时再做详细的介绍。

2. 报文头部定义

下面以以太网头部为例，介绍报文头部定义的方法。

以太网的报文格式如表 5-1 所示。

表 5-1　以太网的报文格式

字　段	目 的 地 址	源 地 址	类 型	数 据
长度（B）	6	6	2	46~1500

定义以太网头部的代码如下所示：

```
typedef bit<48> mac_addr_t;

typedef bit<16> ether_type_t;
const ether_type_t ETHERTYPE_IPV4 = 16w0x0800;

header ethernet_h {
    mac_addr_t dst_addr;
    mac_addr_t src_addr;
    bit<16> ether_type;
}
```

在 P4 语言中，报文头部使用 header 类型定义。这里将以太网头部命名为 ethernet_h，其中后缀"_h"表示这个类型是报文头部，从而与其他类型相区别。根据帧格式，需要依次定义目的 mac 地址（48 位）、源 mac 地址（48 位）以及承载的上层协议类型（16 位）。

以太网地址是 48 位的，并且经常使用，为了简化书写和便于理解，这里使用 3.4.4 节介绍的类型别名的方法，定义一个新的标识符 mac_addr_t，用于表示以太网地址。以太网可以承载不同的上层协议，如 IPv4、IPv6 等，使用 16 位无符号整型来表示。ipv4_h、tcp_h、udp_h 的定义方法，与 ethernet_h 的定义方法类似，这里就不一一介绍了。

报文头部定义完成后，它便可以支持 3.3.4 节介绍的 header 特殊的属性和操作，支持通过 isValid()、setValid() 和 setInvalid() 函数对 validity 位进行操作，支持 extract 和 emit 等操作。

将程序中可能用到的报文头部全部定义好之后，可以像搭积木一样将它们组成一个统一的报文头部类型。定义 header_t 结构的代码如下所示：

```
struct header_t {
    ethernet_h ethernet;
    ipv4_h ipv4;
    tcp_h tcp;
    udp_h udp;
}
```

注意：这里使用的类型是 struct，并不是 header。header_t 用来表示本程序支持的所有协议类型及其组合，但是它本身并不是 header 类型。

那么，如果本程序收到了一个不支持的协议报文，如 IPv6 报文，该怎么办呢？

一个 P4 程序，它能处理的协议类型是提前规划好的，例如是否支持 IPv6 协议。如果确定不需要支持 IPv6 协议，则在 parser 中直接将该协议报文丢弃就好了。如果确定需要支持 IPv6 协议，则不仅要增加 IPv6 的头部定义，也需要在整个流水线中正确处理 IPv6 协议报文。

在 P4 语言中，不仅能按照 RFC 的规定对各种报文格式进行定义，还可以定义新的报文格式以满足实际场景的需要，这充分展现了可编程带来的灵活性。

3. 报文头部解析

报文头部解析是从报文中提取协议头部数据。在 P4 语言中，可以根据实际需要定义自己的解析逻辑，选择处理哪些报文，丢弃哪些报文。parser 原型定义的代码如下所示：

```
// v1model.p4
parser Parser<H, M>(packet_in b,
               out H parsedHdr,
               inout M meta,
               inout standard_metadata_t standard_metadata)
```

从参数列表中可以看到，parser 的输入有 3 个变量：b、meta 和 standard_metadata，分别表示输入报文、用户自定义的 metadata 和系统定义的标准 metadata。

> **注意**：b 表示输入报文，在 parser 中是不可以修改的。meta 和 standard_metadata 都是用 inout 修饰的，表示既可以被读取，又可以被修改。

从参数列表中还可以看到，parser 的输出只有一个变量：parsedHdr，表示报文头部。在流水线中对报文的修改，都是通过修改该报文头部实现的。

packet_in 的原型如下：

```
// core.p4
extern packet_in {
    void extract<T>(out T hdr);
    void extract<T>(out T variableSizeHeader,
                in bit<32> variableFieldSizeInBits);
    T lookahead<T>();
    void advance(in bit<32> sizeInBits);
    bit<32> length();
}
```

packet_in 类型由具体的 target 实现，表示流水线接收的报文，core.p4 中定义了该类型支持的 5 个操作。

在 parser 中，使用 packet_in 类型支持的操作，从流水线接收到的报文中提取数据，然后将数据保存在报文头部中，方便在流水线中进一步处理。

（1）extract() 用于从报文中提取数据到报文头部。

（2）lookahead() 用于检测报文中是否有足够长度的数据。

（3）advance() 用于将指向报文当前数据的指针向前移动。

（4）length() 用于返回报文的长度。

对照 parser 的原型定义，本实例中定义 parser 的代码如下：

```
parser MyParser(packet_in pkt,
        out header_t hdr,
        inout metadata meta,
```

```
        inout standard_metadata_t standard_metadata)
{}
```

MyParser 有 4 个参数：pkt、hdr、meta 和 standard_metadata，它们的类型分别为
packet_in、header_t、metadata 和 standard_metadata_t。

MyParser 的主要作用就是从 pkt 中提取报文头部数据，并将数据保存到 hdr 中，方
便后续在流水线中进行处理。在解析过程中，也可以将数据保存到 meta 和 standard_
metadata 中。

parser 的开始状态一般用 start 表示：

```
state start {
    meta.is_tcp = false;
    meta.is_udp = false;
    pkt.extract(hdr.ethernet);
    transition select(hdr.ethernet.ether_type) {
        ETHERTYPE_IPV4 : parse_ipv4;
        default : reject;
    }
}
```

在这段代码中，先将 meta 进行初始化。然后从 pkt 中提取以太网头部，并将其保
存到 hdr.ethernet 中。因为以太网承载了多种协议，所以这里有一个多种条件的判断。在
parser 中使用 select 语句进行条件判断时，会根据以太网头部中的 hdr.ethernet.ether_type 字
段进行判断。

（1）如果上层协议是 IPv4 协议，则跳转到 parse_ipv4 状态继续处理。

（2）如果是其他协议的报文，则使用 reject 直接将报文丢弃。

处理 parse_ipv4 状态的代码如下：

```
state parse_ipv4 {
    pkt.extract(hdr.ipv4);
    transition select(hdr.ipv4.protocol) {
        IP_PROTOCOLS_TCP: parse_tcp;
        IP_PROTOCOLS_UDP: parse_udp;
        default: reject;
    }
}
```

此时确定接收到的是一个 IPv4 报文，先提取 IPv4 报文头部数据，并保存到 hdr.ipv4 中。
同样，IPv4 协议承载了多种类型的协议，如 TCP、UDP、ICMP、SCTP 等，这里同样使
用 select 语句，根据 hdr.ipv4.protocol 字段进行判断。

（1）如果是 TCP 协议的报文，则跳转到 parse_tcp 状态继续处理。

（2）如果是 UDP 协议的报文，则跳转到 parse_udp 状态继续处理。

（3）如果是其他协议的报文，则使用 reject 直接将其丢弃。

处理 parse_tcp 状态的代码如下：

```
state parse_tcp {
    pkt.extract(hdr.tcp);
    // 这里确定是 tcp 报文，将 meta.is_tcp 字段设置为 true。
```

```
        meta.is_tcp = true;
        transition accept;
    }
```

此时确定收到的是 tcp 报文，首先提取 tcp 头部数据，并将头部数据保存到 hdr.tcp 中。接着将 meta.is_tcp 的值设置为 true，表示接收到的是一个 tcp 报文。最后直接跳转到 accept 状态，表示结束 parser 阶段的处理。

parse_udp 状态与 parse_tcp 状态的处理逻辑类似，这里不再赘述了。

在 MyParser 中，共设计了 start、parse_ipv4、parse_tcp、parse_udp 这 4 种状态，组成了一个有向无环图。

4. 逻辑处理

因为本节实例主要介绍 P4 语言中 parser 的使用方法，因此对流水线中逻辑处理的部分设计得非常简单。这里甚至没有设计一个 table 和 action。

Ingress 流水线原型定义的代码如下：

```
// v1model.p4
@pipeline
control Ingress<H, M>(inout H hdr,
                      inout M meta,
                      inout standard_metadata_t
standard_metadata);
```

Ingress 流水线的参数有 3 个：hdr、meta 和 standard_metadata，它们都由 inout 修饰，表示既可以被读取，也可以被修改。这 3 个参数的含义如下。

（1）hdr 表示报文头部。

（2）meta 是用户自定义的 metadata。

（3）standard_metadata 是系统定义的标准 metadata。

与 parser 的原型定义相比，这里可以看到一个显著的差异，即 Ingress 流水线中不包含表示报文本身的 packet_in b，这表示在 Ingress 流水线中并不能处理接收到的报文的全部数据，只能通过处理报文头部数据来实现。因为在实际的交换芯片的流水线中，经过 parser 之后，报文载荷（payload）数据和报文头部数据就分开了，报文载荷数据可能比较大，直接进入 packet buffer and replication 部分；报文头部数据比较小，进入交换芯片的流水线中进行逐级处理。等到报文头部在流水线中处理完成之后，再将经过修改的报文头部数据和报文载荷数据合并起来，发送出去。

设计报文载荷数据和报文头部数据分离的机制，主要有以下两个原因。

（1）在交换芯片的流水线处理过程中，一般只会用到报文头部数据，不会使用报文的全部数据，所以使报文的全部数据通过流水线是没有必要的。

（2）报文的全部数据比较大，如果都要通过流水线，会增加时延，降低转发性能。

对照 Ingress 的原型定义，看一下本实例中使用的 MyIngress 的定义：

```
control MyIngress(inout header_t hdr,
        inout metadata meta,
        inout standard_metadata_t standard_metadata)
    {}
```

在本实例中，将报文头部类型定义为 header_t，将用户自定义的 metadata 定义为 metadata，系统 metadata 仍然使用 standard_metadata 表示。

概括来说，MyIngress 的作用就是根据 hdr、meta 以及 standard_metadata 中的数据，修改 hdr、meta 以及 standard_metadata，这 3 个参数都是由 inout 修饰的。

接下来看一下 MyIngress 的完整实现：

```
control MyIngress(inout header_t hdr,
        inout metadata meta,
        inout standard_metadata_t standard_metadata)
{
    apply {
        if (meta.is_tcp == true) {
            // 如果是tcp报文，则ttl值减1；否则ttl值保持不变
            if (hdr.ipv4.ttl == 0) {
                // 如果ttl值已经是0，则直接丢弃报文
                mark_to_drop(standard_metadata);
            } else {
                hdr.ipv4.ttl = hdr.ipv4.ttl - 1;
            }
        }
        // 将报文的出向端口设置为2号端口
        standard_metadata.egress_spec = 0x2;
    }
}
```

MyIngress 的逻辑是将 tcp 报文对应的 IPv4 ttl 字段的值减 1，使 udp 报文对应的 IPv4 ttl 字段的值保持不变。这里利用了在 parser 中被赋值的 meta.is_tcp、meta.is_udp 字段进行报文类型的区分和判断。

为了防止报文在网络中成环，如果 ttl 字段的值已经是 0，则需要丢弃报文，不再将其发送出去。这里使用 v1model.p4 文件中定义的 mark_to_drop() 函数丢弃报文。

MyIngress 的最后部分将 standard_metadata.egress_spec 字段的值修改为 0x2，表示将报文从 2 号端口发送出去。

5. IPv4 头部的校验和计算

在本实例中，假设收到的报文的校验和都是正确的，因此没有对接收报文的校验和进行校验，MyVerifyChecksum 被定义为空：

```
control MyVerifyChecksum(inout header_t hdr, inout metadata meta)
{
    apply {}
}
```

但因为程序中修改了 IPv4 头部的 ttl 字段的值，因此需要重新计算 IPv4 头部的校验和字段。这里使用了 v1model.p4 中定义 update_checksum() 函数，进行 IPv4 头部校验和的计算。

update_checksum() 函数原型定义的代码如下：

```
extern void update_checksum<T, O>(in bool condition,
                                  in T data,
                                  inout O checksum,
                                  HashAlgorithm algo);
```

update_checksum() 函数有如下 4 个参数。

（1）condition，bool 类型，为 true 表示进行校验和计算，为 false 表示不进行校验和计算。

（2）data，表示参与计算的数据。

（3）checksum，表示计算结果输出的变量。

（4）algo，表示校验和的计算方法。

对照 update_checksum() 函数的原型定义，会发现本实例在 MyComputeChecksum() 模块中进行 IPv4 报文头部校验和的计算：

```
control MyComputeChecksum(inout header_t hdr, inout metadata meta)
{
    apply {
        // 重新计算 IPv4 头部的 hdr_checksum 字段的值
        update_checksum(
            hdr.ipv4.isValid(),
            { hdr.ipv4.version,
              hdr.ipv4.ihl,
              hdr.ipv4.diffserv,
              hdr.ipv4.total_len,
              hdr.ipv4.identification,
              hdr.ipv4.flags,
              hdr.ipv4.frag_offset,
              hdr.ipv4.ttl,
              hdr.ipv4.protocol,
              hdr.ipv4.src_addr,
              hdr.ipv4.dst_addr
            },
            hdr.ipv4.hdr_checksum,
            HashAlgorithm.csum16);
    }
}
```

（1）只有 IPv4 报文需要进行 IPv4 报文头部的校验和计算，因此第一个参数是 hdr. ipv4.isValid()。

（2）根据 RFC791，除 hdr.ipv4.hdr_checksum 字段本身之外，IPv4 报文头部的所有字段都需要参与校验和的计算，因此第二个参数使用列表的方式将 IPv4 报文头部除 hdr.ipv4. hdr_checksum 字段以外的其他所有字段都作为参数传入。

（3）IPv4 报文头部校验和的输出，该输出会被保存到 hdr.ipv4.hdr_checksum 字段中。

（4）IPv4 报文头部校验和算法，使用 HashAlgorithm.csum16。这是 v1model 提供的标准算法。

6. 报文发送

在 P4 语言中，报文发送由 deparser 实现。v1model 中 deparser 原型定义的代码如下：

```
// v1model.p4

control Deparser<H>(packet_out b, in H hdr);
```

其中 packet_out b 表示直接进入 packet buffer and replication 部分的报文本身的数据，hdr 表示在流水线中修改过的报文头部。deparser 的作用就是将二者结合，组成一个完整报文，从出向端口发送出去。

对照 deparser 的原型定义，看一下本实例中使用的 MyDeparser 的定义：

```
control MyDeparser(packet_out packet, in header_t hdr) {
    apply {
        packet.emit(hdr);
    }
}
```

其中，packet.emit（hdr）的作用是将 hdr 与报文本身的数据结合，然后发送出去。

5.1.4 parser 实例的运行

运行本节实例以下需要 3 个终端，它们的作用如下。

（1）在终端 1 上，启动 BMv2 交换机。

（2）在终端 2 上，启动 tcpdump 抓包程序并进行抓包验证。

（3）在终端 3 上，发送测试报文。

1. 网络拓扑

本节实例使用的 Parser 实例拓扑如图 5-1 所示。

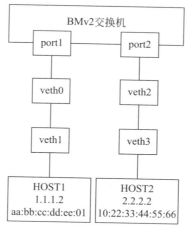

图 5-1 parser 实例拓扑

相关配置命令如下：

```
sudo ip link add veth0 type veth peer name veth1
sudo ip link add veth2 type veth peer name veth3
sudo ip link set veth0 up
sudo ip link set veth1 up
```

```
sudo ip link set veth2 up
sudo ip link set veth3 up
```

2. 编译方法

```
p4c-bm2-ss parser.p4 -o parser.json --p4runtime-files parser.p4.p4info.txt
```

3. 在终端 1 上启动 BMv2 交换机

```
sudo simple_switch_grpc parser.json --log-console -i 1@veth0 -i 2@veth2
```

这里指定 veth0 作为 BMv2 交换机的 1 号端口，veth2 作为 BMv2 交换机的 2 号端口。simple_switch_grpc 程序作为服务要一直运行，直到测试结束。测试结束时，可以按 Ctrl+C 组合键结束 simple_switch_grpc 程序的运行。

注意：本节实例的流水线中并没有使用 table，因此不需要配置 key 和 action。

4. 在终端 2 上开启抓包程序

```
sudo tcpdump -i veth3 -nn -vvv
```

5. 在终端 3 上发送测试报文

在 send_packet_tcp.py 脚本中实现了 tcp 报文的发送：

```
#!/usr/bin/env python3

from scapy.all import IP, TCP, Ether, sendp

def main():

    ifname="veth1"
    print("sending a packet on interface %s" % (ifname))
    pkt = Ether(dst="10:22:33:44:55:66", src="aa:bb:cc:dd:ee:01") / IP
(ttl=64, src="1.1.1.2", dst="2.2.2.2") / TCP(dport=80, sport=10000)
    pkt.show2()
    sendp(pkt, iface=ifname, verbose=False)

if __name__ == '__main__':
    main()
```

在 send_packet_tcp.py 脚本中，先构造一个 tcp 报文，依次设置以太网头部、IPv4 头部、tcp 头部的各个字段，然后使用 sendp() 函数将报文发送出去。发送端口是 veth1。根据前文介绍的 Linux veth pair 的特性，veth1 与 veth0 是成对出现的，通过 veth1 发送的报文，会直接经过 veth0，作为 BMv2 交换机 1 号端口的输入报文，进入 BMv2 交换机的流水线中进行处理。

pkt.show2() 将 tcp 报文的各个字段打印出来，方便进行调试：

```
sudo ./send_packet_tcp.py
sending a packet on interface veth1
###[ Ethernet ]###
    dst          = 10:22:33:44:55:66
    src          = aa:bb:cc:dd:ee:01
    type         = IPv4
###[ IP ]###
       version = 4
       ihl       = 5
       tos       = 0x0
       len       = 40
       id        = 1
       flags     =
       frag      = 0
       ttl       = 64
       proto     = tcp
       chksum    = 0x74c9
       src       = 1.1.1.2
       dst       = 2.2.2.2
       \options   \
###[ TCP ]###
          sport     = webmin
          dport     = http
          seq       = 0
          ack       = 0
          dataofs   = 5
          reserved  = 0
          flags     = S
          window    = 8192
          chksum    = 0x627c
          urgptr    = 0
          options   = []
```

send_packet_udp.py 脚本与 send_packet_tcp.py 脚本类似，这里不再赘述了。

注意：这里的 IPv4 头部 ttl 字段的值是 64。

6. 在终端 2 上进行抓包验证

```
sudo tcpdump -i veth3 -nn -vvv
tcpdump: listening on veth3, link-type EN10MB (Ethernet), capture size
262144 bytes
23:39:57.105333 IP (tos 0x0, ttl 63, id 1, offset 0, flags [none],
proto TCP (6), length 40)
    1.1.1.2.10000 > 2.2.2.2.80: Flags [S], cksum 0x627c (correct), seq 0,
win 8192, length 0
23:41:45.288908 IP (tos 0x0, ttl 64, id 1, offset 0, flags [none],
proto UDP (17), length 28)
    1.1.1.2.10000 > 2.2.2.2.80: [udp sum ok] UDP, length 0
```

为了显示抓到的报文的详细信息，tcpdump 命令使用了 -nn 和 -vvv 参数。从 tcpdump 的输出中可以看到，对于 tcp 报文，IPv4 头部的 ttl 字段的值被修改为 63；对于 udp 报文，IPv4 头部的 ttl 字段的值仍然是 64，没有被修改，符合设定的逻辑。

注意：如果 IPv4 头部校验和是正确的，tcpdump 默认不显示；但如果 IPv4 头部校验和是错误的，tcpdump 会显示 bad cksum 字样。但是，对于四层协议的校验和，无论正确与否，tcpdump 默认都会显示。这里的 cksum 0x627c（correct），表示 tcp 的校验和是正确的。

5.1.5　parser 实例小结

通过本节实例的学习，读者可以掌握 parser 的基本使用方法，并对报文头部定义、校验和计算、逻辑处理、报文发送等方面的知识有更深入的认识。

拓展问题如下。

（1）如果程序中不重新进行 IPv4 头部校验和的计算，报文能正常发送吗？ tcpdump 的显示会有什么不同？

（2）如何扩展支持 IPv6 协议？

（3）如何在 P4 程序中进行 IPv4 头部校验和的校验？

5.2　最长前缀匹配算法 lpm 实例

交换芯片流水线中常用的匹配算法是 exact、lpm 和 ternary。本节主要介绍 P4 流水线中的 lpm 匹配算法。

最长前缀匹配算法（longest prefix match，lpm）是 IP 协议中查找路由时使用的算法。

2.5 节的 P4 "hello，world" 实例中使用表项查找方法是精确匹配（exact match），即根据一个 key，去表中查找唯一的一个匹配项。但是 lpm 匹配算法与 exact 匹配算法不同，lpm 匹配算法根据 key 同时查找多个匹配项，然后选择具有最长前缀的匹配项作为最终的结果。

在真实的交换芯片中，实现 lpm 匹配算法和 exact 匹配算法的所需资源是不一样的。前者一般使用 TCAM 实现，逻辑复杂，容量一般比较小；后者使用 SRAM 实现，逻辑简单，容量相对而言比较大。

本节实例实现了一个简单的三层交换机，综合使用了 lpm 和 exact 两种匹配算法，涵盖的重要知识点如下。

（1）如何使用 lpm 匹配算法？

（2）如何实现一个简化版的三层交换机（只支持 IPv4 协议）？

5.2.1　lpm 实例的主要功能

三层交换机一般都包含 3 张表：路由表、arp 表和 mac 表。处理逻辑如下。

（1）进行报文解析，提取 IPv4 报文头部。

（2）根据报文目的 IPv4 地址先在路由表中进行查找，找到下一跳 IPv4 地址。

（3）根据下一跳 IPv4 地址查找 arp 表，找到对应的 MAC 地址。

（4）根据下一跳 IPv4 地址对应的 MAC 地址查找 mac 表，找到报文的出向端口。

（5）将报文从出向端口发送出去。

5.2.2　lpm 实例的代码清单

代码在目录 03-mau-lpm 中：

```
#include <core.p4>
#include <v1model.p4>

#include "headers.p4"

struct metadata {
    ipv4_addr_t next_hop;
    mac_addr_t  next_hop_mac;
}

parser MyParser(packet_in pkt,
        out header_t hdr,
        inout metadata meta,
        inout standard_metadata_t standard_metadata)
{
    state start {
        pkt.extract(hdr.ethernet);
        transition select(hdr.ethernet.ether_type) {
            ETHERTYPE_IPV4 : parse_ipv4;
            default : accept;
        }
    }

    state parse_ipv4 {
        pkt.extract(hdr.ipv4);
        transition accept;
    }
}

control MyVerifyChecksum(inout header_t hdr, inout metadata meta)
{
    apply {}
}

control MyIngress(inout header_t hdr,
        inout metadata meta,
        inout standard_metadata_t standard_metadata)
{
    action set_next_hop(ipv4_addr_t next_hop) {
        meta.next_hop = next_hop;
    }
```

```
    table l3_fwd_tbl {
        key = {
            hdr.ipv4.dst_addr: lpm;
        }
        actions = {
            set_next_hop;
            NoAction;
        }
        size = 1024;
        default_action = NoAction();
    }

    action set_next_hop_mac(mac_addr_t mac) {
        meta.next_hop_mac = mac;
    }

    table arp_tbl {
        key = {
            meta.next_hop: exact;
        }
        actions = {
            set_next_hop_mac;
            NoAction;
        }
        size = 1024;
        default_action = NoAction();
    }

    action set_egress_port(bit<9> port_id) {
        standard_metadata.egress_spec = port_id;
    }

    table l2_fwd_tbl {
        key = {
            meta.next_hop_mac: exact;
        }
        actions = {
            set_egress_port;
            NoAction;
        }
        size = 1024;
        default_action = NoAction();
    }

    apply {
        if (hdr.ipv4.ttl == 0) {
                mark_to_drop(standard_metadata);
                exit;
        }
        hdr.ipv4.ttl = hdr.ipv4.ttl - 1;
        if (l3_fwd_tbl.apply().hit) {
```

```
            if (arp_tbl.apply().hit) {
                if (l2_fwd_tbl.apply().hit) {
                    hdr.ethernet.src_addr = hdr.ethernet.dst_addr;
                    hdr.ethernet.dst_addr = meta.next_hop_mac;
                }
            }
        }
    }
}

control MyEgress(inout header_t hdr,
        inout metadata meta,
        inout standard_metadata_t standard_metadata)
{
    apply { }
}

control MyComputeChecksum(inout header_t hdr, inout metadata meta)
{
    apply {
        update_checksum(
            hdr.ipv4.isValid(),
            { hdr.ipv4.version,
              hdr.ipv4.ihl,
              hdr.ipv4.diffserv,
              hdr.ipv4.total_len,
              hdr.ipv4.identification,
              hdr.ipv4.flags,
              hdr.ipv4.frag_offset,
              hdr.ipv4.ttl,
              hdr.ipv4.protocol,
              hdr.ipv4.src_addr,
              hdr.ipv4.dst_addr
            },
            hdr.ipv4.hdr_checksum,
            HashAlgorithm.csum16);
    }
}

control MyDeparser(packet_out packet, in header_t hdr) {
    apply {
        packet.emit(hdr);
    }
}

V1Switch(
    MyParser(),
    MyVerifyChecksum(),
    MyIngress(),
    MyEgress(),
    MyComputeChecksum(),
```

```
    MyDeparser()
) main;
```

5.2.3 lpm 实例代码的详细解释

1. metadata 的定义和使用

在本实例中，为 metadata 设计了两个字段，分别用于保存下一跳 IPv4 地址和对应的 MAC 地址。metadata 的定义如下：

```
struct metadata {
    ipv4_addr_t next_hop;
    mac_addr_t  next_hop_mac;
}
```

本实例的报文头部定义和解析都比较简单，这里就不展开介绍了。

2. 逻辑处理

本节实例设计了一个路由表 l3_fwd_tbl，它的 key 是报文的目的 IPv4 地址（hdr.ipv4.dst_addr），匹配算法是 lpm。它的 action 是设置将查找到的下一跳 IPv4 地址保存到 meta.next_hop 字段中。l3_fwd_tbl 的相关代码如下：

```
action set_next_hop(ipv4_addr_t next_hop) {
    meta.next_hop = next_hop;
}

table l3_fwd_tbl {
    key = {
        hdr.ipv4.dst_addr: lpm;
    }
    actions = {
        set_next_hop;
        NoAction;
    }
    size = 1024;
    default_action = NoAction();
}
```

为了展示 lpm 的特性，本节实例下发了 3 个表项，如表 5-2 所示。

表 5-2　路由表

表项编号	key	action	说　　明
0	2.2.2.0/24	192.168.1.2	命中，前缀长度是 24
1	3.3.3.0/24	192.168.1.2	不命中
2	0.0.0.0/0	192.168.2.2	命中，前缀长度是 0，为默认路由

对于目的 IPv4 地址是 2.2.2.2 的报文，会命中路由表中的表项 0 和 2。其中表项 0 的前缀长度是 24，表项 2 的前缀长度是 0。根据 lpm 匹配算法，最终命中的表项为 0，下一

跳 IPv4 地址是 192.168.1.2。

流水线的核心逻辑是先查路由表，如果命中，则继续查 arp 表和 mac 表：

```
if (l3_fwd_tbl.apply().hit) {
    if (arp_tbl.apply().hit) {
        if (l2_fwd_tbl.apply().hit) {
            hdr.ethernet.src_addr = hdr.ethernet.dst_addr;
            hdr.ethernet.dst_addr = meta.next_hop_mac;
        }
    }
}
```

5.2.4　lpm 实例的运行

运行本节实例，需要如下 4 个终端，它们的作用如下。
（1）在终端 1 上，启动 BMv2 交换机。
（2）在终端 2 上，启动 simple_switch_CLI 配置表项。
（3）在终端 3 上，启动 tcpdump 抓包验证。
（4）在终端 4 上，发送测试报文。

1. 网络拓扑

本节实例使用的网络拓扑，如图 5-2 所示。

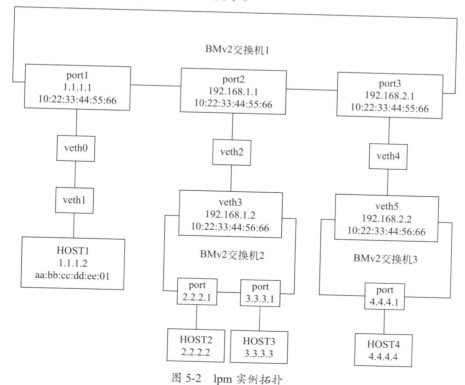

图 5-2　lpm 实例拓扑

相关配置命令如下：

```
sudo ip link add veth0 type veth peer name veth1
sudo ip link add veth2 type veth peer name veth3
sudo ip link add veth4 type veth peer name veth5
sudo ip link set veth0 up
sudo ip link set veth1 up
sudo ip link set veth2 up
sudo ip link set veth3 up
sudo ip link set veth4 up
sudo ip link set veth5 up
```

2. 编译方法

```
p4c-bm2-ss lpm.p4 -o lpm.json --p4runtime-files lpm.p4.p4info.txt
```

3. 在终端 1 上启动 BMv2 交换机

在终端 1 上运行以下命令：

```
sudo simple_switch_grpc lpm.json --log-console -i 1@veth0 -i 2@veth2 -i
3@veth4
```

这里指定 veth0、veth2、veth4 分别作为 BMv2 交换机的 1 号、2 号、3 号端口。

4. 在终端 2 上启动 simple_switch_CLI 并下发配置

在终端 2 上运行以下命令：

```
simple_switch_CLI
```

屏幕输出：

```
Obtaining JSON from switch...
Done
Control utility for runtime P4 table manipulation
RuntimeCmd:
```

然后通过以下命令下发配置：

```
table_add MyIngress.l3_fwd_tbl MyIngress.set_next_hop 2.2.2.0/24 =>
192.168.1.2
table_add MyIngress.l3_fwd_tbl MyIngress.set_next_hop 3.3.3.0/24 =>
192.168.1.2
table_add MyIngress.l3_fwd_tbl MyIngress.set_next_hop 0.0.0.0/0=>
192.168.2.2
table_add MyIngress.arp_tbl MyIngress.set_next_hop_mac 192.168.1.2 =>
10:22:33:44:56:66
table_add MyIngress.arp_tbl MyIngress.set_next_hop_mac 192.168.2.2 =>
10:22:33:44:56:67
table_add MyIngress.l2_fwd_tbl MyIngress.set_egress_port
10:22:33:44:56:66 => 2
table_add MyIngress.l2_fwd_tbl MyIngress.set_egress_port
```

```
10:22:33:44:56:67 => 3
```

5. 在终端 3 上启动抓包程序

```
sudo tcpdump -i veth5 -nn -vvv
```

6. 在终端 4 上发送测试报文

在终端 4 上分别运行以下 3 条命令：

```
sudo ./send_packet_tcp.py
sudo ./send_packet_udp.py
sudo ./send_packet_default_route.py
```

每运行一条命令，可以在第一个终端上观察 P4 流水线执行过程的日志，并且在终端 3 上观察输出报文。

> **注意：** 当在终端 4 上使用 send_packet_default_route.py 脚本发包时，因为命中了默认路由，报文发送的端口是 3，对应的设备是 veth5，此时在终端 3 应该使用 sudo tcpdump -i veth5 -nn -vvv 进行抓包。

运行上述 3 个发包脚本时，报文的处理逻辑如下。

（1）使用 send_packet_tcp.py 脚本发包时，目的 IPv4 地址是 2.2.2.2，在 BMv2 交换机 1 上命中路由表，下一跳 IPv4 地址是 192.168.1.2，下一跳 MAC 地址是 10:22:33:44:56:66，报文出向端口是 2 号端口。veth3 上的抓包结果显示如下：

```
16:00:13.710619 IP 1.1.1.2.10000 > 2.2.2.2.80: Flags [S], seq 0, win
8192, length 0
0x0000:  1022 3344 5666 1022 3344 5566 0800 4500  ."3DVf."3DUf..E.
0x0010:  0028 0001 0000 3f06 75c9 0101 0102 0202  .(....?.u.......
0x0020:  0202 2710 0050 0000 0000 0000 0000 5002  ..'..P........P.
0x0030:  2000 627c 0000                           ..b|..
```

（2）使用 send_packet_udp.py 脚本发包时，目的 IPv4 地址是 3.3.3.3，在 BMv2 交换机 1 上命中路由表，下一跳 IPv4 地址是 192.168.1.2，下一跳 MAC 地址是 10:22:33:44:56:66，报文出向端口是 2 号端口。veth3 上的抓包结果显示如下：

```
16:05:53.370609 IP 1.1.1.2.10000 > 3.3.3.3.80: UDP, length 0
0x0000:  1022 3344 5666 1022 3344 5566 0800 4500  ."3DVf."3DUf..E.
0x0010:  001c 0001 0000 3f11 73c8 0101 0102 0303  ......?.s.......
0x0020:  0303 2710 0050 0008 d075                 ..'..P...u
```

（3）使用 send_packet_default_route.py 脚本发包时，目的 IPv4 地址是 4.4.4.4，在 BMv2 交换机 1 上命中默认路由表，下一跳 IPv4 地址是 192.168.2.2，下一跳 MAC 地址是 10:22:33:44:56:67，报文出向端口是 3 号端口。veth5 上的抓包结果显示如下：

```
16:07:08.945553 IP 1.1.1.2.10000 > 4.4.4.4.80: Flags [S], seq 0, win
8192, length 0
```

```
0x0000: 1022 3344 5667 1022 3344 5566 0800 4500 ."3DVg."3DUf..E.
0x0010: 0028 0001 0000 3f06 71c5 0101 0102 0404 .(....?.q.......
0x0020: 0404 2710 0050 0000 0000 0000 0000 5002 ..'..P........P.
0x0030: 2000 5e78 0000                          ..^x..
```

5.2.5　lpm 实例小结

通过本节实例的学习，读者可以掌握 lpm 匹配算法，并结合之前学习的 exact 匹配算法，实现一个简单的三层交换机。

lpm 匹配算法与 exact 匹配算法相比，有其独特的地方。

（1）lpm 匹配算法可以同时命中多个匹配项，但是返回的结果是前缀长度最长的匹配项；而 exact 匹配算法只能匹配一个匹配项，或者都不匹配。

（2）lpm 匹配算法并没有显式指定优先级，但是最长前缀隐含了优先级的概念；而 exact 匹配算法没有优先级的概念。

（3）lpm 匹配算法的硬件资源一般使用 TCAM 实现，容量一般比较小；exact 匹配算法的硬件资源一般使用 SRAM 实现，容量一般比较大。

拓展问题如下。

（1）如何插入一个匹配目的 IPv4 地址是 2.2.2.2 的、最长前缀是 16 并且下一跳是 192.168.2.2 的表项？插入该表项后，还能在 veth3 上抓到目的 IPv4 地址为 2.2.2.2 的报文吗？

（2）如何插入一个匹配目的 IPv4 地址是 2.2.2.2 的、最长前缀是 30 并且下一跳是 192.168.2.2 的表项？插入该表项后，还能在 veth3 上抓到目的 IPv4 地址为 2.2.2.2 的报文吗？

5.3　三态匹配 ternary 实例

本节主要介绍 P4 语言中的三态匹配（ternary）算法。

前边几节介绍过 exact 匹配算法、lpm 匹配算法，两者都是用 key 的全部字段进行匹配，匹配的结果只有两种：命中或者不命中。但是 ternary 匹配算法与这两者不同，可以使用 key 的部分字段进行匹配，匹配的结果有 3 种：命中、不命中或不关心，因此也被称作三态匹配算法。所谓不关心，就是 key 的这一部分字段不论是什么值都可以。Ternary 匹配算法的这个特性适合实现访问控制列表（Access Control List，ACL）。

在 ternary 匹配算法中，指定一个 key，需要两个值：一个 value 和一个 mask。当满足下面的数学等式时表示命中：

```
(key & mask) == (value & mask)
```

举个例子，在 ACL 规则中，经常会按照子网进行访问控制。假设允许源 IP 地址是 1.1.1.0/24 网段的 IP 访问某个网站，可以使用下面的方法指定 ternary 匹配算法的规则：

value = 1.1.1.0, mask = 255.255.255.0, value & mask = 1.1.1.0

（1）假设源 IP 地址是 1.1.1.2，因为 1.1.1.2 & 255.255.255.0 结果是 1.1.1.0，与 value

& mask 的结果相同，因此 1.1.1.2 匹配该表项。

（2）假设源 IP 地址是 2.2.2.2，因为 2.2.2.2 & 255.255.255.0 结果是 2.2.2.0，与 value & mask 的结果不同，因此 2.2.2.2 不匹配该表项。

ternary 匹配算法还有一种特殊的形式，就是通配，就是说匹配任何 key，而不论 key 的值是多少。采用这种形式时，value 被设置为 0，mask 也被设置为 0。

因为（key & 0）==（0 & 0），所以不论 key 的值为多少都匹配该表项。

在 ternary 匹配算法中，可能有多个表项同时可以匹配某一个 key。为了保证匹配结果唯一，需要通过控制面指定表项的优先级。

本节实例涵盖的重要知识点如下。

（1）如何使用 ternary 匹配算法。

（2）了解 ternary 匹配算法的优先级的概念。

（3）如何使用多个字段组成一个 key。

5.3.1　ternary 实例的主要功能

为了介绍 ternary 匹配算法，本节设计的实例主要实现 ACL 功能，具体的功能按照优先级从高到低的顺序排列如下。

（1）允许 1.1.1.0/24 子网访问 2.2.2.2 的 80 端口。

（2）允许 1.1.1.0/24 子网访问 3.3.3.3 的 443 端口。

（3）不允许 1.1.1.0/24 子网访问 2.2.2.0/24 子网。

（4）不允许 1.1.1.0/24 子网访问 3.3.3.0/24 子网。

5.3.2　ternary 实例的代码清单

代码目录在 04-mau-ternary 中。

本实例包含两个文件：header.p4 和 ternary.p4，主要代码如下：

```
#include <core.p4>
#include <v1model.p4>

#include "headers.p4"

// 用于组成 key
struct metadata {
    ipv4_addr_t src_addr;
    ipv4_addr_t dst_addr;
    bit<16> dst_port;
}

// 解析报文，提取 key
parser MyParser(packet_in pkt,
        out header_t hdr,
        inout metadata meta,
        inout standard_metadata_t standard_metadata)
{
```

```
    state start {
        pkt.extract(hdr.ethernet);
        transition select(hdr.ethernet.ether_type) {
            ETHERTYPE_IPV4 : parse_ipv4;
            default : accept;
        }
    }

    state parse_ipv4 {
        pkt.extract(hdr.ipv4);
        meta.src_addr = hdr.ipv4.src_addr;
        meta.dst_addr = hdr.ipv4.dst_addr;
        transition select(hdr.ipv4.protocol) {
            IP_PROTOCOLS_TCP : parse_tcp;
            IP_PROTOCOLS_UDP : parse_udp;
            default : accept;
        }
    }

    state parse_tcp {
        pkt.extract(hdr.tcp);
        meta.dst_port = hdr.tcp.dst_port;
        transition accept;
    }

    state parse_udp {
        pkt.extract(hdr.udp);
        meta.dst_port = hdr.udp.dst_port;
        transition accept;
    }
}
control MyVerifyChecksum(inout header_t hdr, inout metadata meta)
{
    apply {}
}

control MyIngress(inout header_t hdr,
        inout metadata meta,
        inout standard_metadata_t standard_metadata)
{
    // 允许报文通过，将报文从 2 号端口发送出去
    action allow() {
        standard_metadata.egress_spec = 0x2;
    }

    // 不允许报文通过，将报文丢弃
    action deny() {
        mark_to_drop(standard_metadata);
    }

    table acl_tbl {
```

```
            // key 由 3 个字段组成，采用 ternary 匹配算法
            key = {
                meta.src_addr : ternary;
                meta.dst_addr : ternary;
                meta.dst_port : ternary;
            }
            actions = {
                allow;
                deny;
            }
            size = 1024;
            default_action = deny();
        }

    apply {
        if (hdr.ipv4.ttl == 0) {
            mark_to_drop(standard_metadata);
            exit;
        }
        hdr.ipv4.ttl = hdr.ipv4.ttl - 1;
        acl_tbl.apply();
    }
}

control MyEgress(inout header_t hdr,
        inout metadata meta,
        inout standard_metadata_t standard_metadata)
{
    apply { }
}

control MyComputeChecksum(inout header_t hdr, inout metadata meta)
{
    apply {
        update_checksum(
            hdr.ipv4.isValid(),
            { hdr.ipv4.version,
              hdr.ipv4.ihl,
              hdr.ipv4.diffserv,
              hdr.ipv4.total_len,
              hdr.ipv4.identification,
              hdr.ipv4.flags,
              hdr.ipv4.frag_offset,
              hdr.ipv4.ttl,
              hdr.ipv4.protocol,
              hdr.ipv4.src_addr,
              hdr.ipv4.dst_addr
            },
            hdr.ipv4.hdr_checksum,
            HashAlgorithm.csum16);
    }
```

```
}

control MyDeparser(packet_out packet, in header_t hdr) {
    apply {
        packet.emit(hdr);
    }
}
V1Switch(
    MyParser(),
    MyVerifyChecksum(),
    MyIngress(),
    MyEgress(),
    MyComputeChecksum(),
    MyDeparser()
) main;
```

5.3.3　ternary 实例代码的详细解释

本节将按照代码的逻辑，对涉及的 P4 语言编程的重要知识点进行详细解释。

1. metadata 的定义和使用

key 由源 IPv4 地址、目的 IPv4 地址、目的端口号 3 个字段组成，为了从报文中提取这 3 个字段，metadata 的定义如下：

```
struct metadata {
    ipv4_addr_t src_addr;
    ipv4_addr_t dst_addr;
    bit<16> dst_port;
}
```

报文的解析过程，主要是提取 key 的过程。

2. 逻辑处理

这里再重复一下 ACL 的规则。

（1）允许 1.1.1.0/24 子网访问 2.2.2.2 的 80 端口。

（2）允许 1.1.1.0/24 子网访问 3.3.3.3 的 443 端口。

（3）不允许 1.1.1.0/24 子网访问 2.2.2.0/24 子网。

（4）不允许 1.1.1.0/24 子网访问 3.3.3.0/24 子网。

上述规则中使用了源 IPv4 地址和目的 IPv4 地址，以及四层协议的目的端口号。规则 1 和规则 2 同时使用了这 3 个字段，但是规则 3 和规则 4 只使用了前两个字段，并没有使用第三个字段，即四层协议的目的端口号。acl_tbl 相关代码如下：

```
action allow() {
    standard_metadata.egress_spec = 0x2;
}
action deny() {
```

```
        mark_to_drop(standard_metadata);
}


table acl_tbl {
    key = {
        meta.src_addr : ternary;
        meta.dst_addr : ternary;
        meta.dst_port : ternary;
    }
    actions = {
        allow;
        deny;
    }
    size = 1024;
    default_action = deny();
}
```

上述 4 条 ACL 规则，转换成控制面需要下发的表项如表 5-3 所示。

表 5-3　ACL 配置表

规则编号	优先级	key						action
		源 IPv4 地址		目的 IPv4 地址		目的端口号		
		metadata.src_addr		metadata.dst_addr		dst_port		
		value	mask	value	mask	value	mask	
1	0	1.1.1.0	24/0	2.2.2.2	32/0	80	0xffff	allow
2	1	1.1.1.0	24/0	3.3.3.3	32/0	443	0xffff	allow
3	2	1.1.1.0	24/0	2.2.2.0	24/0	0	0	deny
4	3	1.1.1.0	24/0	3.3.3.0	24/0	0	0	deny

注意：24/0 是 255.255.255.0 的简写，32/0 是 255.255.255.255 的简写。

5.3.4　ternary 实例的运行

运行本节实例，需要如下 4 个终端，它们的作用如下。

（1）在终端 1 上，启动 BMv2 交换机。

（2）在终端 2 上，启动 simple_switch_CLI 配置表项。

（3）在终端 3 上，启动 tcpdump 抓包验证。

（4）在终端 4 上，发送测试报文。

1. 网络拓扑

本节实例使用的网络拓扑，如图 5-3 所示。

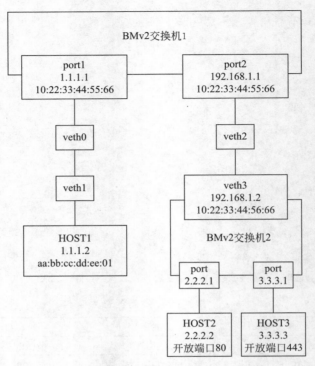

图 5-3　ternary 实例拓扑

相关配置命令如下：

```
sudo ip link add veth0 type veth peer name veth1
sudo ip link add veth2 type veth peer name veth3
sudo ip link set veth0 up
sudo ip link set veth1 up
sudo ip link set veth2 up
sudo ip link set veth3 up
```

2. 编译方法

```
p4c-bm2-ss ternary.p4 -o ternary.json --p4runtime-files ternary.
p4.p4info.txt
```

3. 在终端 1 上启动 BMv2 交换机

```
sudo simple_switch_grpc ternary.json --log-console -i 1@veth0 -i
2@veth2
```

这里指定 veth0 作为 BMv2 交换机的 1 号端口，veth2 作为 BMv2 交换机的 2 号端口。simple_switch_grpc 程序作为服务要一直运行，直到测试结束。测试结束时，可以按 Ctrl+C 组合键结束 simple_switch_grpc 程序的运行。

4. 在终端 2 上启动 simple_switch_CLI 并下发配置

```
table_add MyIngress.acl_tbl MyIngress.allow
1.1.1.0&&&255.255.255.0 2.2.2.2&&&255.255.255.255 80&&&0xffff => 0
table_add MyIngress.acl_tbl MyIngress.allow
1.1.1.0&&&255.255.255.0 3.3.3.3&&&255.255.255.255 443&&&0xffff => 1
table_add MyIngress.acl_tbl MyIngress.deny
1.1.1.0&&&255.255.255.0 2.2.2.0&&&255.255.255.0 0&&&0 => 2
table_add MyIngress.acl_tbl MyIngress.deny
1.1.1.0&&&255.255.255.0 3.3.3.0&&&255.255.255.0 0&&&0 => 3
```

上述代码的功能说明如下。

（1）simple_switch_CLI 在指定 ternary 匹配算法的规则时，IPv4 地址的 value 和 mask 掩码可以用点分十进制表示。255.255.255.0 表示一个 32 位的 mask，前 24 位的值都是 1，后 8 位的值都是 0。

（2）simple_switch_CLI 在指定 ternary 匹配算法的规则时，mask 掩码也可以用十六进制表示。0xffff 表示一个 16 位的 mask，并且 16 位的值都是 1。

（3）4 个命令结尾的 0、1、2、3 表示表项的优先级，数值越小优先级越高。

5. 在终端 3 上启动抓包程序

```
sudo tcpdump -i veth3 -nn
```

6. 在终端 4 上发送测试报文

本节实例设计了 7 个发包脚本，分别发送 7 种不同类型的报文：

```
send_packet_1.1.1.1.2_to_3.3.3.3_80_deny.py
send_packet_1.1.1.2_to_3.3.3.3_443_allow.py
send_packet_1.1.1.2_to_2.2.2.2_80_allow.py
send_packet_4.4.4.2_to_2.2.2.2_80_deny.py
send_packet_1.1.1.2_to_2.2.2.3_80_deny.py
send_packet_5.5.5.2_to_3.3.3.3_443_deny.py
```

脚本的名字描述了源 IPv4、目的 IPv4 地址、目的端口号、预期的匹配结果等信息，例如 send_packet_1.1.1.2_to_2.2.2.2_80_allow.py，表示发送一个报文，该报文的源 IPv4 地址是 1.1.1.2，目的 IPv4 地址是 2.2.2.2，目的端口号是 80。根据 ACL 规则，报文匹配后的结果如果是 allow，表示转发该报文。

7. 在终端 3 上进行抓包验证

在终端 3 上启动抓包命令 sudo tcpdump -i veth3 -nn，在终端 4 上依次执行发包脚本。
（1）sudo ./send_packet_1.1.1.2_to_2.2.2.2_80_allow.py：

```
23:14:55.531939 IP 1.1.1.2.10000 > 2.2.2.2.80: Flags [S], seq 0,
win 8192, length 0
```

（2）sudo ./send_packet_1.1.1.2_to_3.3.3.3_443_allow.py：

```
23:17:43.546539 IP 1.1.1.2.10000 > 3.3.3.3.443: UDP, length 0
```

其余 4 个脚本发出的报文都被 BMv2 交换机丢弃了，在 veth3 上看不到任何报文。

```
send_packet_1.1.1.2_to_2.2.2.3_80_deny.py
send_packet_1.1.1.2_to_3.3.3.3_80_deny.py
send_packet_4.4.4.2_to_2.2.2.2_80_deny.py
send_packet_5.5.5.2_to_3.3.3.3_443_deny.py
```

5.3.5　ternary 实例小结

通过本节实例的学习，读者可以掌握 ternary 匹配算法，并掌握使用多个字段组成一个复杂的 key 的方法，同时对 ACL 的概念和实现有初步的认识。

拓展问题如下。

（1）配置下发后，将 MyIngress.acl_tbl 的所有表项输出，观察优先级字段与配置的字段是否相同。

（2）为什么源 IPv4 地址 1.1.1.2 访问目的 IPv4 地址 2.2.2.3 并且目的端口号是 80 的报文被丢弃了呢？匹配了哪条 ACL 规则？

（3）为什么源 IPv4 地址 1.1.1.2 访问目的 IPv4 地址 3.3.3.3 并且目的端口号是 80 的报文被丢弃了呢？匹配了哪条 ACL 规则？

5.4　范围匹配 range 实例

本节主要介绍 P4 语言中的范围匹配算法（range）。

范围匹配，适合描述 key 的范围比较大并且连续的情况，如四层协议的端口号。四层协议的端口号取值范围是 [0,65535]。假设防火墙中 8001 到 8999 是允许访问的端口号，如果使用 exact 匹配算法，需要占用 999 个表项资源，资源消耗很大。并且 8001 到 8999 的范围也不适合使用 lpm 匹配算法和 ternary 匹配算法。如果使用 range 匹配算法，只需设置一条起始值为 8001、结束值为 8999 的表项即可。

本节实例涵盖的重要知识点如下。

（1）如何使用 range 匹配算法？

（2）如何使用多个字段组成一个 key？

（3）key 的多个字段如何使用不同的匹配算法？

5.4.1　range 实例的主要功能

为了介绍 range 匹配算法，本节设计的实例主要实现 ACL 功能，具体的功能按照优先级从高到低的顺序排列如下。

（1）允许目的 IPv4 地址是 2.2.2.0/24 子网、目的端口号是 8001 至 8999 的报文通过。

（2）允许目的 IPv4 地址是 3.3.3.0/24 子网、目的端口号是 8001 至 8999 的报文通过。

（3）不允许目的 IPv4 地址是 2.2.2.0/24 子网的其他报文通过。

（4）不允许目的 IPv4 地址是 3.3.3.0/24 子网的其他报文通过。

5.4.2　range 实例的代码清单

代码目录在 05-mau-range 中。

本实例包含两个文件：header.p4 和 range.p4。主要代码如下：

```
#include <core.p4>
#include <v1model.p4>

#include "headers.p4"

struct metadata {
    ipv4_addr_t dst_addr;
    bit<16> dst_port;
}

parser MyParser(packet_in pkt,
        out header_t hdr,
        inout metadata meta,
        inout standard_metadata_t standard_metadata)
{
    state start {
        pkt.extract(hdr.ethernet);
        transition select(hdr.ethernet.ether_type) {
            ETHERTYPE_IPV4 : parse_ipv4;
            default : accept;
        }
    }

    state parse_ipv4 {
        pkt.extract(hdr.ipv4);
        meta.dst_addr = hdr.ipv4.dst_addr;
        transition select(hdr.ipv4.protocol) {
            IP_PROTOCOLS_TCP : parse_tcp;
            IP_PROTOCOLS_UDP : parse_udp;
            default : accept;
        }
    }

    state parse_tcp {
        pkt.extract(hdr.tcp);
        meta.dst_port = hdr.tcp.dst_port;
        transition accept;
    }

    state parse_udp {
        pkt.extract(hdr.udp);
        meta.dst_port = hdr.udp.dst_port;
        transition accept;
    }
}
```

```
control MyVerifyChecksum(inout header_t hdr, inout metadata meta)
{
    apply {}
}

control MyIngress(inout header_t hdr,
        inout metadata meta,
        inout standard_metadata_t standard_metadata)
{
    action allow() {
        standard_metadata.egress_spec = 0x2;
    }

    action deny() {
        mark_to_drop(standard_metadata);
    }

    table acl_tbl {
        key = {
            meta.dst_addr : ternary;
            meta.dst_port : range;
        }
        actions = {
            allow;
            deny;
        }
        size = 1024;
        default_action = deny();
    }
    apply {
        if (hdr.ipv4.ttl == 0) {
            mark_to_drop(standard_metadata);
            exit;
        }
        hdr.ipv4.ttl = hdr.ipv4.ttl - 1;
        acl_tbl.apply();
    }
}

control MyEgress(inout header_t hdr,
        inout metadata meta,
        inout standard_metadata_t standard_metadata)
{
    apply { }
}

control MyComputeChecksum(inout header_t hdr, inout metadata meta)
{
    apply {
```

```
            update_checksum(
                hdr.ipv4.isValid(),
                { hdr.ipv4.version,
                  hdr.ipv4.ihl,
                  hdr.ipv4.diffserv,
                  hdr.ipv4.total_len,
                  hdr.ipv4.identification,
                  hdr.ipv4.flags,
                  hdr.ipv4.frag_offset,
                  hdr.ipv4.ttl,
                  hdr.ipv4.protocol,
                  hdr.ipv4.src_addr,
                  hdr.ipv4.dst_addr
                },
                hdr.ipv4.hdr_checksum,
                HashAlgorithm.csum16);
    }
}

control MyDeparser(packet_out packet, in header_t hdr) {
    apply {
        packet.emit(hdr);
    }
}

V1Switch(
    MyParser(),
    MyVerifyChecksum(),
    MyIngress(),
    MyEgress(),
    MyComputeChecksum(),
    MyDeparser()
)main;
```

5.4.3　range 实例代码的详细解释

本节将按照代码的逻辑，对涉及的 P4 语言编程重要知识点进行详细解释。

1. metadata 的定义和使用

key 由目的 IPv4 地址、目的端口号两个字段组成。为了从报文中提取这两个字段，metadata 的定义如下：

```
struct metadata {
    ipv4_addr_t dst_addr;
    bit<16> dst_port;
}
```

2. 逻辑处理

目的 IPv4 地址使用 ternary 匹配算法，目的端口号使用 range 匹配算法。acl_tbl 相关代码如下：

```
action allow() {
    standard_metadata.egress_spec = 0x2;
}

action deny() {
    mark_to_drop(standard_metadata);
}

table acl_tbl {
    key = {
        meta.dst_addr : ternary;
        meta.dst_port : range;
    }
    actions = {
        allow;
        deny;
    }
    size = 1024;
    default_action = deny();
}
```

5.4.4　range 实例的运行

运行本节实例，需要如下 4 个终端，它们的作用如下。

（1）在终端 1 上，启动 BMv2 交换机。

（2）在终端 2 上，启动 simple_switch_CLI 配置表项。

（3）在终端 3 上，启动 tcpdump 抓包验证。

（4）在终端 4 上，发送测试报文。

1. 网络拓扑

本节实例使用的网络拓扑，如图 5-4 所示。

相关配置命令如下：

```
sudo ip link add veth0 type veth peer name veth1
sudo ip link add veth2 type veth peer name veth3
sudo ip link set veth0 up
sudo ip link set veth1 up
sudo ip link set veth2 up
sudo ip link set veth3 up
```

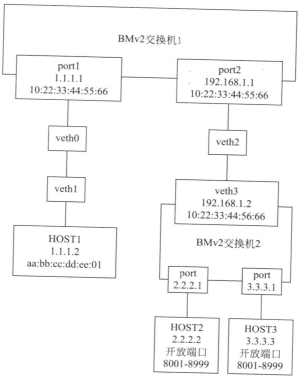

图 5-4　range 实例拓扑

2. 编译方法

```
p4c-bm2-ss range.p4 -o range.json --p4runtime-files range.p4.p4info.txt
```

3. 在终端 1 上启动 BMv2 交换机

```
sudo simple_switch_grpc range.json --log-console -i 1@veth0 -i 2@veth2
```

这里指定 veth0 作为 BMv2 交换机的 1 号端口，veth2 作为 BMv2 交换机的 2 号端口。simple_switch_grpc 程序作为服务要一直运行，直到测试结束。测试结束时，可以按 Ctrl+C 组合键结束 simple_switch_grpc 程序的运行。

4. 在终端 2 上启动 simple_switch_CLI 并下发配置

```
table_add MyIngress.acl_tbl MyIngress.allow
2.2.2.0&&&255.255.255.0 8001->8999 => 0
table_add MyIngress.acl_tbl MyIngress.allow
3.3.3.0&&&255.255.255.0 8001->8999 => 1
table_add MyIngress.acl_tbl MyIngress.deny
2.2.2.0&&&255.255.255.0 0->65535 => 2
table_add MyIngress.acl_tbl MyIngress.deny
3.3.3.0&&&255.255.255.0 0->65535 => 3
```

上述代码的功能说明如下。

（1）范围匹配，使用"起始值 -> 结束值"的方式表示，如 8001->8999。

（2）4 个命令结尾的数字表示表项的优先级，数值越小优先级越高。

5. 在终端 3 上开启抓包程序

```
sudo tcpdump -i veth3 -nn
```

6. 在终端 4 上发送测试报文

本节实例设计了 6 个发包脚本，发送 6 种不同的报文：

```
send_packet_1.1.1.2_to_2.2.2.2_8001_allow.py
send_packet_1.1.1.2_to_3.3.3.3_8599_allow.py
send_packet_1.1.1.2_to_2.2.2.3_80_deny.py
send_packet_4.4.4.2_to_2.2.2.2_80_deny.py
send_packet_1.1.1.2_to_3.3.3.3_80_deny.py
send_packet_5.5.5.2_to_3.3.3.3_443_deny.py
```

脚本的名字描述了源 IPv4、目的 IPv4 地址、目的端口号、匹配结果等信息，例如 send_packet_1.1.1.2_to_2.2.2.2_8001_allow.py，表示发送一个报文，该报文的源 IPv4 地址是 1.1.1.2，目的 IPv4 地址是 2.2.2.2，目的端口号是 8001。根据 ACL 规则，报文匹配后的结果如果是 allow，表示转发该报文。这样就可以通过在 veth3 上抓包显示出来。

7. 在终端 3 上进行抓包验证

在终端 3 上启动抓包命令 sudo tcpdump -i veth3 -nn，在终端 4 上依次执行发包脚本。

（1）sudo ./send_packet_1.1.1.2_to_2.2.2.2_8001_allow.py：

```
16:57:04.036189 IP (tos 0x0, ttl 63, id 1, offset 0, flags [none],
proto TCP (6), length 40)
    1.1.1.2.10000 > 2.2.2.2.8001: Flags [S], cksum 0x438b (correct),
seq 0, win 8192, length 0
```

（2）sudo ./send_packet_1.1.1.2_to_3.3.3.3_8599_allow.py：

```
16:57:53.047534 IP (tos 0x0, ttl 63, id 1, offset 0, flags [none],
proto UDP (17), length 28)
    1.1.1.2.10000 > 3.3.3.3.8599: [udp sum ok] UDP, length 0
```

其余 4 个脚本发出的报文都被 BMv2 交换机丢弃了，在 veth3 上看不到任何报文。

5.4.5　range 实例小结

通过本节实例的学习，读者可以掌握 range 匹配算法，并掌握多个 key 字段使用不同匹配算法的方法。

拓展问题如下。

（1）范围匹配，是否包括起始值和结束值？如目的 IPv4 地址是 2.2.2.2 并且目的端口号是 8001 或者 8999 的报文是否允许通过？

（2）如果不使用 range 匹配算法，要实现与本节实例相同的功能，可以用哪些方法？

5.5　可编程 deparser 实例

本节主要介绍 P4 语言中可编程 deparser 的使用方法。

在 P4 语言中，deparser 的作用是构造报文，然后将报文发送出去，它还可以包含计算校验和、复制报文等操作。

本节实例涵盖的重要知识点如下。

（1）如何增加一个新的协议报文头部？

（2）如何进行 VXLAN 隧道封装？

5.5.1　deparser 实例的主要功能

为了介绍 deparser 的使用方法，本节设计的实例主要在交换机上实现封装 VXLAN 隧道的功能。BMv2 交换机作为 VXLAN 设备，负责为一个 underlay 报文增加 VXLAN 隧道封装，然后发送出去。这是一种实现虚拟私有云（Virtual Private Cloud，VPC）网络的方法，具体的实现过程如图 5-5 所示。

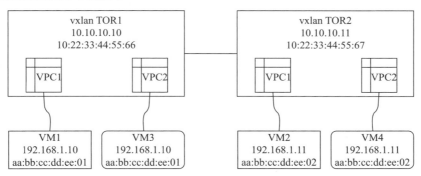

图 5-5　使用 vxlan TOR 实现 VPC 网络拓扑

VM1 和 VM2 属于 VPC1，VM3 和 VM4 属于 VPC2，它们通过 VXLAN 交换机组成一个 VPC 网络。VXLAN 交换机包含相关的 VPC 和 VM 的具体信息。

5.5.2　deparser 实例的代码清单

代码目录在 06-deparser 中。

本实例包含两个文件：header.p4 和 deparser.p4。主要代码如下：

```
header vxlan_h {
    bit<8> flags;
    bit<24> reserved;
    bit<24> vni;
    bit<8> reserved2;
}
```

```
struct header_t {
    ethernet_h outer_eth;
    ipv4_h outer_ipv4;
    udp_h outer_udp;
    vxlan_h vxlan;
    ethernet_h inner_eth;
    ipv4_h inner_ipv4;
}
```

这里需要注意 header.p4 与之前不同的地方。

首先是增加了 vxlan_h 报文头部的定义，它表示 vxlan 报文头部。

其次是 header_t 将封装后的 vxlan 报文的所有协议头部都枚举出来，方便在流水线中分别进行填充。header_t 中 inner_eth、inner_ipv4 的内容来自接收的报文，而 outer_eth、outer_ipv4、outer_udp 以及 vxlan 这 4 项是在流水线中构造的。

```
#include <core.p4>
#include <v1model.p4>

#include "headers.p4"

struct metadata {
}

parser MyParser(packet_in pkt,
        out header_t hdr,
        inout metadata meta,
        inout standard_metadata_t standard_metadata)
{
    state start {
        pkt.extract(hdr.inner_eth);
        transition select(hdr.inner_eth.ether_type) {
            ETHERTYPE_IPV4 : parse_ipv4;
            default : accept;
        }
    }

    state parse_ipv4 {
        pkt.extract(hdr.inner_ipv4);
        transition accept;
    }
}

control MyVerifyChecksum(inout header_t hdr, inout metadata meta)
{
    apply {}
}

control MyIngress(inout header_t hdr,
        inout metadata meta,
        inout standard_metadata_t standard_metadata)
```

```
{
    action add_tunnel_header(mac_addr_t mac_src_addr,
                    mac_addr_t mac_dst_addr,
                    ipv4_addr_t tunnel_src_addr,
                    ipv4_addr_t tunnel_dst_addr,
                    bit<24> vni)
    {
        hdr.outer_eth.setValid();
        hdr.outer_eth.src_addr = mac_src_addr;
        hdr.outer_eth.dst_addr = mac_dst_addr;
        hdr.outer_eth.ether_type = ETHERTYPE_IPV4;

        hdr.outer_ipv4.setValid();
        hdr.outer_ipv4.src_addr = tunnel_src_addr;
        hdr.outer_ipv4.dst_addr = tunnel_dst_addr;
        hdr.outer_ipv4.version = 4;
        hdr.outer_ipv4.ihl = 5;
        hdr.outer_ipv4.diffserv = 0;
        hdr.outer_ipv4.total_len =
            hdr.inner_ipv4.total_len
                + ETH_HEADER_LEN
                + VXLAN_HEADER_LEN
                + UDP_HEADER_LEN
                + IPV4_HEADER_LEN;
        hdr.outer_ipv4.identification = 0;
        hdr.outer_ipv4.flags = 0;
        hdr.outer_ipv4.frag_offset = 0;
        hdr.outer_ipv4.ttl = 64;
        hdr.outer_ipv4.protocol = IP_PROTOCOLS_UDP;

        hdr.outer_udp.setValid();
        hdr.outer_udp.src_port = 10000;
        hdr.outer_udp.dst_port = UDP_PORT_VXLAN;
        hdr.outer_udp.hdr_length =
            hdr.inner_ipv4.total_len
            + ETH_HEADER_LEN
            + VXLAN_HEADER_LEN
            + UDP_HEADER_LEN;
        hdr.outer_udp.checksum = 0;

        hdr.vxlan.setValid();
        hdr.vxlan.flags = VXLAN_FLAGS;
        hdr.vxlan.reserved = 0;
        hdr.vxlan.vni = vni;
        hdr.vxlan.reserved2 = 0;

        standard_metadata.egress_spec = 0x2;
    }

table vxlan_tbl {
    key = {
```

```
                    standard_metadata.ingress_port: exact;
                    hdr.inner_ipv4.dst_addr: exact;
            }
            actions = {
                    add_tunnel_header;
                    NoAction;
            }
            size = 1024;
            default_action = NoAction();
    }

    apply {
        vxlan_tbl.apply();
    }
}

control MyEgress(inout header_t hdr,
        inout metadata meta,
        inout standard_metadata_t standard_metadata)
{
    apply {}
}

control MyComputeChecksum(inout header_t hdr, inout metadata meta)
{
    apply {
        update_checksum(
            hdr.outer_ipv4.isValid(),
            { hdr.outer_ipv4.version,
              hdr.outer_ipv4.ihl,
              hdr.outer_ipv4.diffserv,
              hdr.outer_ipv4.total_len,
              hdr.outer_ipv4.identification,
              hdr.outer_ipv4.flags,
              hdr.outer_ipv4.frag_offset,
              hdr.outer_ipv4.ttl,
              hdr.outer_ipv4.protocol,
              hdr.outer_ipv4.src_addr,
              hdr.outer_ipv4.dst_addr
            },
            hdr.outer_ipv4.hdr_checksum,
            HashAlgorithm.csum16);
    }
}

control MyDeparser(packet_out packet, in header_t hdr) {
    apply {
        packet.emit(hdr);
    }
}
```

```
V1Switch(
    MyParser(),
    MyVerifyChecksum(),
    MyIngress(),
    MyEgress(),
    MyComputeChecksum(),
    MyDeparser()
)main;
```

5.5.3　deparser 实例代码的详细解释

本节将按照代码的逻辑，对涉及的 P4 语言编程重要知识点进行详细解释。

1. parser

```
parser MyParser(packet_in pkt,
        out header_t hdr,
        inout metadata meta,
        inout standard_metadata_t standard_metadata)
{
    state start {
        pkt.extract(hdr.inner_eth);
        transition select(hdr.inner_eth.ether_type) {
            ETHERTYPE_IPV4 : parse_ipv4;
            default : accept;
        }
    }

    state parse_ipv4 {
        pkt.extract(hdr.inner_ipv4);
        transition accept;
    }
}
```

MyParser 直接将从网络中接收到的报文提取到 hdr.inner_eth 和 hdr.inner_ipv4 中，将来作为内层报文的头部发送出去。

2. 逻辑处理

在 P4 流水线中增加报文头部时，先要调用 setValid() 方法，然后设置报文头部的各个字段：

```
hdr.outer_eth.setValid();
hdr.outer_eth.src_addr = mac_src_addr;
hdr.outer_eth.dst_addr = mac_dst_addr;
hdr.outer_eth.ether_type = ETHERTYPE_IPV4;

hdr.outer_ipv4.setValid();
hdr.outer_ipv4.src_addr = tunnel_src_addr;
```

```
hdr.outer_ipv4.dst_addr = tunnel_dst_addr;
hdr.outer_ipv4.version = 4;
hdr.outer_ipv4.ihl = 5;
hdr.outer_ipv4.diffserv = 0;
hdr.outer_ipv4.total_len = hdr.inner_ipv4.total_len
    + ETH_HEADER_LEN
                + VXLAN_HEADER_LEN
                + UDP_HEADER_LEN
                + IPV4_HEADER_LEN;
hdr.outer_ipv4.identification = 0;
hdr.outer_ipv4.flags = 0;
hdr.outer_ipv4.frag_offset = 0;
hdr.outer_ipv4.ttl = 64;
hdr.outer_ipv4.protocol = IP_PROTOCOLS_UDP;

hdr.outer_udp.setValid();
hdr.outer_udp.src_port = 10000;
hdr.outer_udp.dst_port = UDP_PORT_VXLAN;
hdr.outer_udp.hdr_length = hdr.inner_ipv4.total_len
                + ETH_HEADER_LEN
                + VXLAN_HEADER_LEN
                + UDP_HEADER_LEN;
hdr.outer_udp.checksum = 0;

hdr.vxlan.setValid();
hdr.vxlan.flags = VXLAN_FLAGS;
hdr.vxlan.reserved = 0;
hdr.vxlan.vni = vni;
hdr.vxlan.reserved2 = 0;
```

对于 vxlan 头部，先调用 hdr.vxlan.setValid() 将 vxlan 头部设置为有效，然后依次设置 flags、reserved、vni、reserved2 这 4 个字段。

注意：增加报文头部时，必须先调用 setValid() 方法，否则后续的赋值操作是无效的。

hdr.outer_eth、hdr.outer_ipv4、hdr.outer_udp 与 hdr.vxlan 的设置方法类似，这里不再赘述。

3. deparser

```
control MyDeparser(packet_out packet, in header_t hdr) {
    apply {
        packet.emit(hdr);
    }
}
```

本节实例主要介绍 deparser，但是 deparser 的代码非常简单。因为前边在流水线中执行过构造新的 VXLAN 报文头部的操作，所以在 MyDeparser 中只需要将报文发送出去即可。

5.5.4　deparser 实例的运行

运行本节实例需要以下 4 个终端，它们的作用如下。

（1）在终端 1 上，启动 BMv2 交换机。

（2）在终端 2 上，启动 simple_switch_CLI 配置表项。

（3）在终端 3 上，启动 tcpdump 抓包验证。

（4）在终端 4 上，发送测试报文。

1. 网络拓扑

本节实例使用的网络拓扑，如图 5-6 所示。

相关配置命令如下：

```
sudo ip link add veth0 type veth peer name veth1
sudo ip link add veth2 type veth peer name veth3
sudo ip link set veth0 up
sudo ip link set veth1 up
sudo ip link set veth2 up
sudo ip link set veth3 up
```

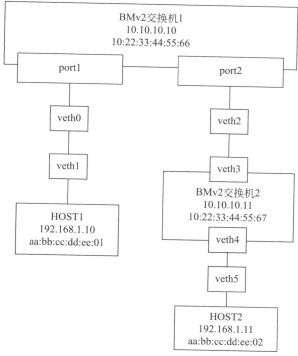

图 5-6　deparser 实例拓扑

2. 编译方法

```
p4c-bm2-ss deparser.p4 -o deparser.json --p4runtime-files
deparser.p4.p4info.txt
```

3. 在终端 1 上启动 BMv2 交换机

```
sudo simple_switch_grpc deparser.json --log-console -i 1@veth0 -i
2@veth2
```

这里指定 veth0 作为 BMv2 交换机的 1 号端口，veth2 作为 BMv2 交换机的 2 号端口。simple_switch_grpc 程序作为服务要一直运行，直到测试结束。测试结束时，可以按 Ctrl+C 组合键结束 simple_switch_grpc 程序的运行。

4. 在终端 2 上启动 simple_switch_CLI 并下发配置

```
table_add MyIngress.vxlan_tbl MyIngress.add_tunnel_header 1
192.168.1.11 => 10:22:33:44:55:66 10:22:33:44:55:67
10.10.10.10 10.10.10.11 10000
```

5. 在终端 3 上启动抓包程序

```
sudo tcpdump -i veth3 -nn -vvv -XXX
```

6. 在终端 4 上发送测试报文

本节实例设计了两个发包脚本，一个发送的报文经过 BMv2 交换机会增加 vxlan 头部，另一个发送的报文不会增加 vxlan 头部：

```
sudo ./send_packet_add_tunnel.py
sudo ./send_packet_not_add_tunnel.py
```

7. 在终端 3 上进行抓包验证

在终端 3 上启动抓包命令 sudo tcpdump –i veth3 –nn，在终端 4 上依次执行发包脚本：

```
sudo tcpdump -i veth3 -nn -vvv -XXX
tcpdump: listening on veth3, link-type EN10MB (Ethernet), capture
size 262144 bytes
11:11:40.860005 IP (tos 0x0, ttl 64, id 0, offset 0, flags [none],
proto UDP (17), length 96)
    10.10.10.10.10000 > 10.10.10.11.4789: [no cksum] VXLAN, flags [I]
(0x08), vni 10000
IP (tos 0x0, ttl 64, id 1, offset 0, flags [none], proto UDP (17),
length 46)
    192.168.1.10.10000 > 192.168.1.11.8001: [udp sum ok] UDP, length 18
0x0000: 1022 3344 5567 1022 3344 5566 0800 4500 ."3DUg."3DUf..E.
0x0010: 0060 0000 0000 4011 5265 0a0a 0a0a 0a0a .`....@.Re......
0x0020: 0a0b 2710 12b5 004c 0000 0800 0000 0027 ..'....L.......'
0x0030: 1000 aabb ccdd ee02 aabb ccdd ee01 0800 ................
0x0040: 4500 002e 0001 0000 4011 f758 c0a8 010a E.......@..X....
0x0050: c0a8 010b 2710 1f41 001a 7b48 3131 3131 ....'..A..{H1111
0x0060: 3131 3131 3131 3131 3131 3131 3131     11111111111111
```

5.5.5　deparser 实例小结

通过本节实例的学习，读者可以掌握 deparser 的使用方法，并掌握增加报文头部的方法，使用该方法可以封装隧道报文。

拓展问题如下。

（1）setValid() 的作用是什么？如果不调用，结果会怎样？

（2）外层 UDP 头的源端口设置为固定的 10000，会有什么问题？有办法将它设置为随机值吗？

（3）这种使用交换机实现虚拟网络的方法，如果新增加一个虚拟机，需要配置哪些内容？

（4）这种使用交换机实现虚拟网络的方法，有哪些缺点？

5.6　selector 实例

在 v1model 中，selector 虽然是一种匹配方式，但是它并不参与 key 的匹配，它的作用是为 action_selector 的哈希算法提供参数。

为了理解 selector 的作用，首先要介绍 action profile、action selector 等机制。

1. action profile 机制

一般情况下，定义一个 table 时，是在每个表项中直接定义对应的 action。这种 table 可以被称为 direct table。

但是如果表项很多，action 就需要占用很多存储资源。假设一个表有 10000 个表项，每个表项的 action 是 32bit，则该表的 action 部分所占用的存储资源为 320000bit，如图 5-7 所示。

如果该表的很多表项，它们的 action 是相同的，可以通过增加一个中间的 action 表，减少 action 部分所占用的存储资源。增加中间的 action 表之后，这 10000 个表项的 action 就变成了指向 action 表的一个索引。这种表被称为 indirect table，如图 5-8 所示。

Key	action (32bit)
K0	A0
K1	A1
K2	A2
K3	A3
K4	A0
K5	A1
K6	A2
K7	A3
⋮	⋮
K9999	A3

Key	Action_Index (2bit)
K0	0
K1	1
K2	2
K3	3
K4	0
K5	1
K6	2
K7	3
⋮	⋮
K9999	3

Action_Index (2bit)	Action (32bit)
0	A0
1	A1
2	A2
3	A3

图 5-7　包含 10000 个表项的表的示意图

图 5-8　action profile 示意图

假设一个表有 10000 个表项，每个表项的 action 是 32bit，而 action_index 只有 2bit，则该表的 action 部分所占用的存储资源，加上单独的 action 表的存储资源，一共需要 20128 bit，相比于 320000 bit，节省了 93.71% 的存储空间。

action profile 机制要发挥正向的作用，有如下三个前提。

（1）表项数量较多。

（2）每个 action 占用的存储资源较多。

（3）多个表项的 action 是相同的，能够聚合。

除了节省存储空间，action profile 机制还可以提升表项变更的效率。

同样是上边的具有 10000 个表项的表，假设其中 25000 个表项的 action 都是 A0。假设要将 A0 变更为 A4，如果不使用 action profile，则需要变更 25000 次；如果使用了 action profile，则只需将 Action_Index 0 对应的 Action 变更为 A4 即可，表项变更的效率得到了很大的提升。

2. action selector 机制

action profile 虽然节省了存储资源，提升了变更效率，但是每个表项的匹配还是一一对应的。action selector 机制则在 action profile 的基础上，再增加一个中间表，使得匹配表项时，可以进行更灵活的匹配。这种机制可以用于实现等价多路径（Equal-Cost Multi-Path，ECMP）路由，如图 5-9 所示。

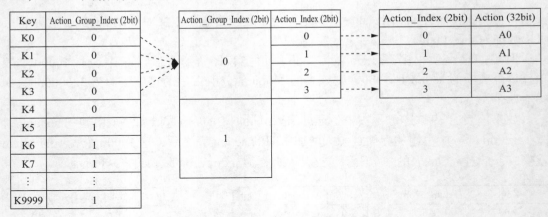

图 5-9　action selector 示意图

具体来说，表项匹配分为 3 个步骤。

（1）根据 key，找到 Action_Group_Index。

（2）根据 Action_Group_Index 以及指定的参数和算法，从某个 group 中找到特定的 Action_Index。这里的参数和算法，是实现灵活匹配的关键。

（3）根据特定的 Action_Index，找到对应的 action。

action profile group 表示相同的 action 的集合，其中的每个元素被称为 action profile member。

对应上述的例子，由 A0、A1、A2、A3 这 4 个 action 组成的集合，使用一个 action group 表示，记为 G0。K0、K1、K2、K3、K4 对应的 action group 相同，都是 G0。

在路由协议中，有一种叫 ECMP 路由的技术，即存在多条到达同一个目的地址的代价相同的路径。当设备支持等价路由时，发往该目的地址的流量就可以通过不同的路径进行负载均衡。一旦某些路径出现故障，路由协议能够快速收敛，经由其他正常的路径继续承载流量，保证流量的正常转发。ECMP 路由技术在数据中心内部广泛使用，以实现负载均衡和故障容错。

为了实现 ECMP 路由，需要根据报文的某些特征，在等价的下一跳路由中进行选择，常用的做法是根据报文的五元组信息（源地址、目的地址、四层协议号、四层协议源端口号、四层协议目的端口号）进行哈希，进而选择下一跳路由。这种算法既能保证同一条流的报文走相同的路径，也能尽量实现多个路径的负载均衡。

交换机中一般使用 action_selector 机制实现 ECMP 功能，此时就需要本节要介绍的 selector 匹配算法。

本节主要介绍 v1model 中 selector 的使用方法，涵盖的重要知识点如下。

（1）如何创建 action profile group。

（2）如何创建 action profile member。

（3）如何将 action profile member 填加到 action profile group 中。

（4）如何实现 ECMP 路由。

5.6.1 selector 实例的主要功能

为了介绍 selector 的使用方法，本节设计的实例实现了 ECMP 路由的功能。BMv2 作为一个路由器，配置了四条通往目的地址（2.2.2.0/24）的等价路由。在 P4 程序中，通过对报文的五元组进行哈希计算，从 4 条 ECMP 路由中进行选择。

5.6.2 selector 实例的代码清单

代码目录在 07-selector 中。

本实例包含两个文件：header.p4 和 selector.p4。以下仅列出 selector.p4 中的关键代码：

```
control MyIngress(inout header_t hdr,
       inout metadata meta,
       inout standard_metadata_t standard_metadata)
{
    action ecmp_route_select_next_hop(ipv4_addr_t next_hop) {
        meta.next_hop = next_hop;
    }

    action_selector(HashAlgorithm.crc16, 32w1024, 32w4) as;

    table ecmp_route_tbl {
        key = {
            hdr.ipv4.dst_addr : lpm;
            hdr.ipv4.dst_addr : selector;
            hdr.ipv4.src_addr : selector;
            hdr.ipv4.protocol: selector;
```

```
            meta.dst_port : selector;
            meta.src_port : selector;
        }
        actions = {
            ecmp_route_select_next_hop;
        }
        implementation = as;
        size = 1024;
    }

    action fwd(bit<9> port_id, mac_addr_t dst_addr, mac_addr_t src_
    addr) {
        standard_metadata.egress_spec = port_id;
        hdr.ethernet.dst_addr = dst_addr;
        hdr.ethernet.src_addr = src_addr;
    }
    table fwd_tbl {
        key = {
            meta.next_hop : exact;
        }
        actions = {
            fwd;
            NoAction;
        }
        default_action = NoAction();
        size = 1024;
    }

    apply {
        if (hdr.ipv4.ttl == 0) {
            mark_to_drop(standard_metadata);
            exit;
        }
        hdr.ipv4.ttl = hdr.ipv4.ttl - 1;
        if (ecmp_route_tbl.apply().hit) {
            fwd_tbl.apply();
        }
    }
}
```

hdr.ipv4.dst_addr、hdr.ipv4.src_addr、hdr.ipv4.protocol、meta.dst_port、meta.src_port 这
5 个变量，使用 selector 匹配类型，表示这 5 个变量是 action_selector 的哈希算法的输入参数。
哈希算法使用 crc16。

注意：参与匹配的 key，只有 hdr.ipv4.dst_addr。

5.6.3 selector 实例代码的详细解释

本节将按照代码的逻辑，对涉及的 P4 语言编程重要知识点进行详细解释。

1. 逻辑处理

```
action ecmp_route_select_next_hop(ipv4_addr_t next_hop) {
    meta.next_hop = next_hop;
}


action_selector(HashAlgorithm.crc16, 32w1024, 32w4) as;

table ecmp_route_tbl {
    key = {
        hdr.ipv4.dst_addr : lpm;
        hdr.ipv4.dst_addr : selector;
        hdr.ipv4.src_addr : selector;
        hdr.ipv4.protocol: selector;
        meta.dst_port : selector;
        meta.src_port : selector;
    }
    actions = {
        ecmp_route_select_next_hop;
    }
    implementation = as;
    size = 1024;
}
```

在 P4 流水线中，定义了一个实现 ECMP 路由的表 ecmp_route_tbl。它的定义有三个要点。

（1）key。ecmp_route_tbl 的 key 是 hdr.ipv4.dst_addr 字段，使用的匹配算法是 lpm。hdr.ipv4.dst_addr、hdr.ipv4.src_addr、hdr.ipv4.protocol、meta.dst_port、meta.src_port 这 5 个字段，对应 ECMP 算法的五元组，使用的匹配算法是 selector，表示它们不参与 key 的匹配，但是为 action_selector 提供参数。

（2）implementation = as。这里指定了选择 action 时，使用 action_selector 机制。根据 as 的定义，它使用 crc16 算法，输出是 4bit。

（3）action。ecmp_route_select_next_hop 的定义与普通的 action 定义没有什么不同。程序执行到这里，已经根据 key，选定了 action profile group，并且根据报文的五元组选定了路由的下一跳。

2. action_selector 的定义

根据定义，action_selector 的第一个参数表示哈希算法，第二个参数表示表项数量，第三个参数表示哈希算法的输出结果取多少位作为有效结果：

```
action_selector(HashAlgorithm.crc16, 32w1024, 32w4) as;
```

在这段代码中，32w1024 表示将 as 设置为共包含 1024 个表项，即该 as 支持 1024 个 action，32w4 表示哈希算法的输出结果选择最后的 4 位。

但是在 BMv2 中，通过实验，可发现以下现象。

（1）并没有参数指定 action profile group 的数量。笔者曾添加 65536 个 action profile group，BMv2 也没有报错。这可能与 BMv2 是软件实现的交换机有关。在真实的交换机上，受硬件资源限制，一般都会有一个数量上限。

（2）通过 32w1024 设置 action_selector 的表项数量，并没有起到限制作用，仍然可以填加超过 1024 个 action profile member。

（3）32w4，表示哈希算法的输出结果选择最后的 4 位，它的表示范围是 [0,15]，这也是 ECMP 路由最大条目数。但是，实际的 ECMP 路由条目数不一定是 16 条，有可能少于16 条，需要根据实际的路由情况确定。本实例中就配置了 4 条，哈希选择的结果也是均衡的。这有可能是在实现时，先根据哈希算法计算一个值，然后该值会与该 group 当前包含的member 数量进行取模计算，从而保证在同一个 group 中每个 member 的选择都是均衡的。

> **注意**：数据面中并没有显式地定义 action profile group。action profile group 是被隐式创建的。

5.6.4 selector 实例的运行

运行本节实例需要以下 4 个终端，它们的作用如下。

（1）在终端 1 上，启动 BMv2 交换机。

（2）在终端 2 上，启动 simple_switch_CLI 配置表项。

（3）在终端 3 上，发送测试报文。

1. 网络拓扑

本节实例使用的网络拓扑，如图 5-10 所示。

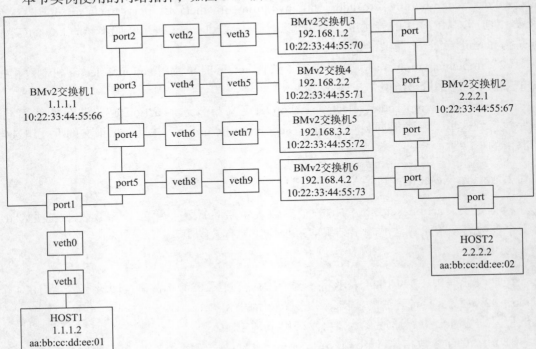

图 5-10 selector 实例拓扑

相关配置命令如下：

```
sudo ip link add veth0 type veth peer name veth1
sudo ip link add veth2 type veth peer name veth3
sudo ip link add veth4 type veth peer name veth5
sudo ip link add veth6 type veth peer name veth7
sudo ip link add veth8 type veth peer name veth9
sudo ip link set veth0 up
sudo ip link set veth1 up
sudo ip link set veth2 up
sudo ip link set veth3 up
sudo ip link set veth4 up
sudo ip link set veth5 up
sudo ip link set veth6 up
sudo ip link set veth7 up
sudo ip link set veth8 up
sudo ip link set veth9 up
```

2. 编译方法

```
p4c-bm2-ss selector.p4 -o selector.json --p4runtime-files
selector.p4.p4info.txt
```

3. 在终端 1 上启动 BMv2 交换机

```
sudo simple_switch_grpc selector.json --log-console -i 1@veth0 -i
2@veth2 -i 3@veth4 -i 4@veth6 -i 5@veth8 |tee log
```

这里分别指定 veth0、veth2、veth4、veth6 作为 BMv2 交换机的 1、2、3、4 号端口。

注意：为了观察报文的出口和下一跳，在启动 simple_switch_grpc 程序时，增加了
"| tee log"，用于将标准输出的内容保存到 log 文件中，以便后续分析。

simple_switch_grpc 程序作为服务要一直运行，直到测试结束。测试结束时可以按
Ctrl+C 组合键结束 simple_switch_grpc 程序的运行。

4. 在终端 2 上启动 simple_switch_CLI 并下发配置

```
# fwd_tbl
table_add MyIngress.fwd_tbl fwd 192.168.1.2 => 2
10:22:33:44:55:70 10:22:33:44:55:71
table_add MyIngress.fwd_tbl fwd 192.168.2.2 => 3
10:22:33:44:55:72 10:22:33:44:55:73
table_add MyIngress.fwd_tbl fwd 192.168.3.2 => 4
10:22:33:44:55:74 10:22:33:44:55:75
table_add MyIngress.fwd_tbl fwd 192.168.4.2 => 5
10:22:33:44:55:76 10:22:33:44:55:77

# 创建 action profile member
```

```
act_prof_create_member MyIngress.as
ecmp_route_select_next_hop 192.168.1.2
act_prof_create_member MyIngress.as
ecmp_route_select_next_hop 192.168.2.2
act_prof_create_member MyIngress.as
ecmp_route_select_next_hop 192.168.3.2
act_prof_create_member MyIngress.as
ecmp_route_select_next_hop 192.168.4.2

# 创建 action profile group
act_prof_create_group MyIngress.as

# 将 action profile member 加入 action profile group
act_prof_add_member_to_group MyIngress.as 0 0
act_prof_add_member_to_group MyIngress.as 1 0
act_prof_add_member_to_group MyIngress.as 2 0
act_prof_add_member_to_group MyIngress.as 3 0

# 设置 MyIngress.ecmp_route_tbl 表
table_indirect_add_with_group MyIngress.ecmp_route_tbl 2.2.2.0/24 => 0
```

5. 在终端 3 上发送测试报文

本节实例设计了一个发包脚本，它发送 1000 个 TCP 报文，其中四层协议的源端口在 [20000,40000] 进行随机选择，以达到均衡选择 4 个下一跳的目的：

```
sudo ./send_packet.py
```

6. 验证

根据配置的规则，如果选择 192.168.1.2、192.168.2.2、192.168.3.2、192.168.4.2 作为下一跳，则出向端口分别为 2、3、4、5，因此可以通过日志中的 Egress port 观察 ECMP 是否均匀。当然这也依赖源端口选择的随机函数产生的值是否均匀分布：

```
cat log |grep "Egress port is" |sort |cut -f 9- -d ' ' |sort |uniq -c
    234 Egress port is 2
    252 Egress port is 3
    252 Egress port is 4
    262 Egress port is 5
```

通过观察日志，选择端口 2、3、4、5 的报文数量都在 250 个左右，ECMP 路由的实现是符合预期的。

5.6.5　selector 实例小结

通过本节实例的学习，读者可以掌握 selector 的使用方法。

拓展问题如下。

（1）本实例 action_selector 的定义，如何将哈希计算的结果只保留 2bit？此时路由选择的结果是否仍然均衡？

（2）增加多个路由下一跳，观察路由选择的结果是否均衡。

5.7　register 实例

如果将报文通过一次 P4 流水线的过程称为报文的生命周期，那么 P4 中的资源按照报文的生命周期划分，可以分为两种。

（1）无状态资源：生命周期小于或等于 1 个报文的生命周期。如 metadata、报文头部等。这些资源一般随着报文的接收而产生，并随着报文的发送而消亡，生命周期依附在报文上。

（2）有状态资源：生命周期大于 1 个报文的生命周期。如 register、counter、meter 等。这些资源一般在 P4 程序加载时产生，在 P4 程序卸载时消亡。在报文处理过程中可以改变有状态资源的状态，并且也可以根据有状态资源的状态对报文进行相应的处理。

P4 中的有状态资源包括 register、counter 和 meter。本节实例主要介绍 register 这种有状态的资源。counter 和 meter 将分别在 5.8 节和 5.9 节中介绍。

> **注意**：这里的 register 与 CPU 中的寄存器不是一个概念。在交换机中，register 可以被看作一个数组，数组的每个元素可以是 1bit、8bit、116bit、32bit 等，数组的长度可以很大，可以达到几 KB 或者几十 KB，当然也受到硬件资源的限制。

本节主要介绍 v1model 中 register 的使用方法。P4 中的 register 主要存储需要跨越多个报文生命周期的状态信息。

本节实例涵盖的重要知识点如下。

（1）如何定义 register 资源。

（2）如何读取和写入 register 资源。

（3）如何使用哈希函数。

（4）如何实现一个有状态的防火墙。

5.7.1　register 实例的主要功能

为了介绍 register 的使用方法，本节设计的实例主要实现了一个有状态的防火墙。

所谓有状态的防火墙，是指需要根据一条连接的状态决定是否允许一个报文通过。连接一般由五元组确定，即 < 源 IP 地址，目的 IP 地址，协议号，源端口号，目的端口号 >。

本节实例实现的防火墙，主动的出向报文不受限制，但是对于入向报文，只允许入向报文是主动的出向报文的响应报文通过。

举个例子，假设防火墙要对 1.1.1.2 的主机进行保护。对于它向外发送的 TCP syn 出向报文，默认允许通过；但是，对于发往 1.1.1.2 的入向报文，只有该报文是 1.1.1.2 主动发出的 syn 报文对应的 synack 报文，才允许通过，其他入向报文一律不允许通过。

本节实例实现的有状态防火墙，实现了以下功能。

（1）HOST1 与 HOST2 互相信任，允许任意方向的报文通过。

（2）允许 HOST1、HOST2 向 HOST3、HOST4 发送的报文通过。

（3）对于 HOST3、HOST4 向 HOST1 发送的报文，只有该报文是 HOST1 主动向 HOST3、HOST4 发送的报文的响应报文，才允许通过，否则不允许通过。

为了实现有状态防火墙，本节实例使用了布隆过滤器（Bloom Filter）算法。布隆过滤器算法由多个二进制向量和哈希函数构成，用于快速检索一个元素是否在一个集合中，非常适用于交换芯片这种存储资源有限的设备。

如果一个报文由 HOST1 发往 HOST3，提取五元组信息进行哈希计算，将哈希结果作为数组下标，将对应的布隆过滤器数组的对应下标位置设置为 1。当收到 HOST3 向 HOST1 发送的报文时，也提取五元组信息进行哈希计算，哈希结果也作为数组下标，然后从布隆过滤器数组的对应下标位置取出值。如果值为 1，则表示该入向报文是原来的出向报文的响应报文，允许通过；否则不允许通过。

因为硬件资源有限，一个布隆过滤器数组不能设置得过长。为了减少哈希冲突，一般会同时设置多个布隆过滤器，每个布隆过滤器使用不同的哈希函数。本节实例设计了两个布隆过滤器。

5.7.2　register 实例的代码清单

代码目录在 08-register 中。

本实例包含两个文件：header.p4 和 register.p4。以下仅列出 register.p4 中的关键代码：

```
#define BLOOM_FILTER_ENTRIES 4096
#define BLOOM_FILTER_BIT_WIDTH 1

control MyIngress(inout header_t hdr,
        inout metadata meta,
        inout standard_metadata_t standard_metadata)
{
register<bit<BLOOM_FILTER_BIT_WIDTH>>(BLOOM_FILTER_ENTRIES)
bloom_filter_1;
register<bit<BLOOM_FILTER_BIT_WIDTH>>(BLOOM_FILTER_ENTRIES)
bloom_filter_2;

    bit<32> reg_pos_one;
    bit<32> reg_pos_two;
    bit<1>  reg_val_one;
    bit<1>  reg_val_two;

    bit<1>  direction = packet_direction_t.INTERNAL_TO_EXTERNAL;

    action compute_hashes(ipv4_addr_t ip1,
                          ipv4_addr_t ip2,
                          bit<16> port1,
                          bit<16> port2) {
        // 计算数组下标
        hash(reg_pos_one, HashAlgorithm.crc16, (bit<32>)0,
            {ip1,
```

```
        ip2,
        port1,
        port2,
        hdr.ipv4.protocol},
        (bit<32>)BLOOM_FILTER_ENTRIES);

    hash(reg_pos_two, HashAlgorithm.crc32, (bit<32>)0,
        {ip1,
        ip2,
        port1,
        port2,
        hdr.ipv4.protocol},
        (bit<32>)BLOOM_FILTER_ENTRIES);
}

action set_next_hop(ipv4_addr_t next_hop) {
    meta.next_hop = next_hop;
}
table l3_fwd_tbl {
    key = {
        hdr.ipv4.dst_addr : lpm;
    }
    actions = {
        set_next_hop;
        NoAction;
    }
    size = 1024;
    default_action = NoAction();
}

action l2_fwd(bit<9> port_id, mac_addr_t dst_addr, mac_addr_t src_
addr) {
    standard_metadata.egress_spec = port_id;
    hdr.ethernet.dst_addr = dst_addr;
    hdr.ethernet.src_addr = src_addr;
}

table l2_fwd_tbl {
    key = {
        meta.next_hop : exact;
    }
    actions = {
        l2_fwd;
        NoAction;
    }
    default_action = NoAction();
    size = 1024;
}
```

```
    action set_direction(bit<1> dir) {
        direction = dir;
    }

    table port_acl_tbl {
        key = {
            standard_metadata.ingress_port : exact;
            standard_metadata.egress_spec  : exact;
        }
        actions = {
            set_direction;
            NoAction;
        }
        size = 1024;
        default_action = NoAction();
    }

    action drop() {
        mark_to_drop(standard_metadata);
    }

    apply {
        if (hdr.ipv4.ttl == 0) {
            mark_to_drop(standard_metadata);
            exit;
        }
        hdr.ipv4.ttl = hdr.ipv4.ttl - 1;

        // l3 forward and l2 forward
        if (l3_fwd_tbl.apply().hit) {
            l2_fwd_tbl.apply();
        }

        // 防火墙
        if (hdr.tcp.isValid()){
            if (port_acl_tbl.apply().hit) {
                // 测试并设置布隆过滤器
                if (direction == packet_direction_t.INTERNAL_TO_
EXTERNAL) {
                    compute_hashes(hdr.ipv4.src_addr, hdr.ipv4.dst_
addr, hdr.tcp.src_port, hdr.tcp.dst_port);
                } else {
                    compute_hashes(hdr.ipv4.dst_addr, hdr.ipv4.src_
addr, hdr.tcp.dst_port, hdr.tcp.src_port);
                }

                if (direction ==packet_direction_t.INTERNAL_TO_
EXTERNAL){
                    // 如果这是一个 TCP syn 报文，更新布隆过滤器
                    if (hdr.tcp.flags == TCP_FLAGS_SYN){
```

```
bloom_filter_1.write(reg_pos_one, 1);
        bloom_filter_2.write(reg_pos_two, 1);
                    }
            } else if (direction ==packet_direction_t.EXTERNAL_TO_
INTERNAL){
            bloom_filter_1.read(reg_val_one, reg_pos_one);
            bloom_filter_2.read(reg_val_two, reg_pos_two);
                // 如果 TNTERNAL_TO_EXTERNAL 和 EXTERNAL_TO_INTERNAL 布
                隆过滤器对应的值都是 1，则允许报文通过
            if (reg_val_one != 1 || reg_val_two != 1){
                drop();
            }
        }
    }
    }
    }
}
```

5.7.3　register 实例代码的详细解释

本节将按照代码的逻辑，对涉及的 P4 语言编程重要知识点进行详细解释。

1. 使用 register 实现布隆过滤器

```
#define BLOOM_FILTER_ENTRIES 4096
#define BLOOM_FILTER_BIT_WIDTH 1
```

本节实例创建了两个布隆过滤器，每个布隆过滤器包含 4096 个元素，每个元素占用 1bit：

```
enum bit<1> packet_direction_t {
    INTERNAL_TO_EXTERNAL = 0,
    EXTERNAL_TO_INTERNAL = 1
}
```

防火墙的主要目的是保护 HOST1 和 HOST2。因此定义由 HOST1、HOST2 向外发送的报文为 INTERNAL_TO_EXTERNAL，定义其他主机向 HOST1、HOST2 发送的报文为 EXTERNAL_TO_INTERNAL。

下面的代码定义了两个布隆过滤器，将它们分别命名为 bloom_filter_1 和 bloom_filter_2。每个布隆过滤器都包含 4096 个元素，每个元素占用 1 bit：

```
register<bit<BLOOM_FILTER_BIT_WIDTH>>(BLOOM_FILTER_ENTRIES) bloom_
filter_1;

register<bit<BLOOM_FILTER_BIT_WIDTH>>(BLOOM_FILTER_ENTRIES) bloom_
filter_2;
```

compute_hashe() 定义如下：

```
    bit<32> reg_pos_one;
```

```
    bit<32> reg_pos_two;
    bit<1>  reg_val_one;
    bit<1>  reg_val_two;

action compute_hashes(ipv4_addr_t ip1,
                      ipv4_addr_t ip2,
                      bit<16> port1,
                      bit<16> port2) {
    // 计算位置
    hash(reg_pos_one,
HashAlgorithm.crc16, (bit<32>)0,
        {ip1,
        ip2,
        port1,
        port2,
        hdr.ipv4.protocol},
        (bit<32>)BLOOM_FILTER_ENTRIES);

    hash(reg_pos_two,
HashAlgorithm.crc32, (bit<32>)0,
        {ip1,
        ip2,
        port1,
        port2,
        hdr.ipv4.protocol},
        (bit<32>)BLOOM_FILTER_ENTRIES);
    }
```

reg_pos_one 和 reg_pos_two 是哈希计算的结果,表示布隆过滤器的数组下标。reg_val_one 和 reg_val_two 是对应的布隆过滤器数组下标位置上的值。

注意:为了降低哈希冲突的概率,本节实例分别使用了两种不同的哈希算法 HashAlgorithm.crc16 和 HashAlgorithm.crc32。

布隆过滤器检测和设置的代码如下:

```
// 检查并设置布隆过滤器
if (direction == packet_direction_t.INTERNAL_TO_EXTERNAL) {
    compute_hashes(hdr.ipv4.src_addr,
                   hdr.ipv4.dst_addr,
                   hdr.tcp.src_port,
                   hdr.tcp.dst_port);
} else {
    compute_hashes(hdr.ipv4.dst_addr,
                   hdr.ipv4.src_addr,
                   hdr.tcp.dst_port,
                   hdr.tcp.src_port);
}

if (direction == packet_direction_t.INTERNAL_TO_EXTERNAL){
    // 如果这是一个 TCP syn 报文,更新布隆过滤器
```

```
        if (hdr.tcp.flags == TCP_FLAGS_SYN){
            bloom_filter_1.write(reg_pos_one, 1);
            bloom_filter_2.write(reg_pos_two, 1);
        }
    } else if (direction == packet_direction_t.EXTERNAL_TO_INTERNAL){
        bloom_filter_1.read(reg_val_one, reg_pos_one);
        bloom_filter_2.read(reg_val_two, reg_pos_two);
        // 如果 INTERNAL_TO_EXTERNAL 和 EXTERNAL_TO_INTERNAL 布隆过滤器对应的值都
        // 是 1，则允许报文通过
        if (reg_val_one != 1 || reg_val_two != 1){
            drop();
        }
    }
}
```

对于出向报文，根据五元组，计算数组下标。如果是 TCP syn 报文，则将对应数组的下标位置设置成 1，并且允许报文通过。

对于入向报文，根据五元组计算数组的下标，并从对应数组下标的位置读取数据。如果两个布隆过滤器对应的值都是 1，才允许报文通过，否则丢弃报文。

注意：给 compute_hashes() 传递参数时，对于入向报文，需要将源 IPv4 地址、目的 IPv4 地址、源端口号、目的端口号交换位置，这样才能与出向报文的计算结果一致。

2. 逻辑处理

流水线中逻辑处理部分的代码如下：

```
apply {
    if (hdr.ipv4.ttl == 0) {
        mark_to_drop(standard_metadata);
        exit;
    }
    hdr.ipv4.ttl = hdr.ipv4.ttl - 1;

    // 处理三层转发和二层转发
    if (l3_fwd_tbl.apply().hit) {
        l2_fwd_tbl.apply();
    }

    // 防火墙处理
    if (hdr.tcp.isValid()){
        if (port_acl_tbl.apply().hit) {
            // 检查并设置布隆过滤器
            if (direction == packet_direction_t.INTERNAL_TO_
EXTERNAL) {
                compute_hashes(hdr.ipv4.src_addr,hdr.ipv4.dst_addr,
                    hdr.tcp.src_port, hdr.tcp.dst_port);
            } else {
                compute_hashes(hdr.ipv4.dst_addr, hdr.ipv4.src_addr,
                    hdr.tcp.dst_port, hdr.tcp.src_port);
```

```
        }

        if (direction ==packet_direction_t.INTERNAL_TO_EXTERNAL){
            // 如果是 Syn 报文，更新布隆过滤器

            if (hdr.tcp.flags == TCP_FLAGS_SYN){
                bloom_filter_1.write(reg_pos_one, 1);
                bloom_filter_2.write(reg_pos_two, 1);
            }
        } else if (direction ==packet_direction_t.EXTERNAL_TO_
INTERNAL){
            bloom_filter_1.read(reg_val_one, reg_pos_one);
            bloom_filter_2.read(reg_val_two, reg_pos_two);
            // 只允许两个布隆过滤器对应表项都为 1 的报文通过
            if (reg_val_one != 1 || reg_val_two != 1){
                drop();
            }
        }
    }
  }
}
```

为了实现有状态的防火墙，在本实例中先进行正常的三层转发和二层转发。如果是
TCP 报文，则进一步进行状态处理。

如果 port_acl_tbl 表命中，处理逻辑如下。

（1）对于出向的 syn 报文，分别使用两个哈希函数计算两个布隆过滤器数组的下标，
并将对应位置设置成 1。

（2）对于入向的 TCP 报文，同样根据两个哈希函数计算两个布隆过滤器数组的下标，
并将对应位置的值取出来（reg_val_one、reg_val_two）。如果这两个值都是 1，则表示该
入向 TCP 报文是出向 TCP syn 报文的响应报文，允许通过，否则不允许通过。

> **注意**：经笔者验证，BMv2 中一个 register 的大小不能超过 2147483648bit。其他平台
> 上 register 大小的限制请参考对应的手册。

5.7.4　register 实例的运行

运行本节实例需要以下 4 个终端，它们的作用如下。

（1）在终端 1 上，启动 BMv2 交换机。

（2）在终端 2 上，启动 simple_switch_CLI 配置表项。

（3）在终端 3 上，启动 tcpdump 抓包验证。

（4）在终端 4 上，发送测试报文。

1. 网络拓扑

本节实例使用的网络拓扑，如图 5-11 所示。

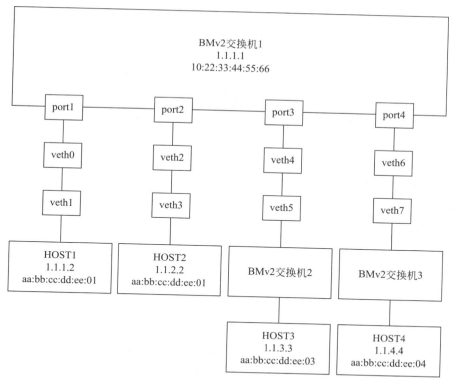

图 5-11 register 实例拓扑

相关配置命令如下：

```
sudo ip link add veth0 type veth peer name veth1
sudo ip link add veth2 type veth peer name veth3
sudo ip link add veth4 type veth peer name veth5
sudo ip link add veth6 type veth peer name veth7
sudo ip link set veth0 up
sudo ip link set veth1 up
sudo ip link set veth2 up
sudo ip link set veth3 up
sudo ip link set veth4 up
sudo ip link set veth5 up
sudo ip link set veth6 up
sudo ip link set veth7 up
```

2. 编译方法

```
p4c-bm2-ss register.p4 -o register.json --p4runtime-files
register.p4.p4info.txt
```

3. 在终端 1 上启动 BMv2 交换机

```
sudo simple_switch_grpc register.json --log-console -i 1@veth0 -i
2@veth2 -i 3@veth4 -i 4@veth6
```

这里分别指定 veth0、veth2、veth4 和 veth6 作为 BMv2 交换机的 1 号、2 号、3 号和 4 号端口。

simple_switch_grpc 程序作为服务要一直运行，直到测试结束。测试结束时可以按 Ctrl + C 组合键结束 simple_switch_grpc 程序的运行。

4. 在终端 2 上启动 simple_switch_CLI 并下发配置

```
# l2_fwd_tbl
table_add MyIngress.l2_fwd_tbl MyIngress.l2_fwd 1.1.1.2 => 1
aa:bb:cc:dd:ee:01 10:22:33:44:55:66
table_add MyIngress.l2_fwd_tbl MyIngress.l2_fwd 1.1.2.2 => 2
aa:bb:cc:dd:ee:02 10:22:33:44:55:66
table_add MyIngress.l2_fwd_tbl MyIngress.l2_fwd 1.1.3.1 => 3
10:22:33:44:55:77 10:22:33:44:55:66
table_add MyIngress.l2_fwd_tbl MyIngress.l2_fwd 1.1.4.1 => 3
10:22:33:44:55:88 10:22:33:44:55:66

# l3_fwd_tbl
table_add MyIngress.l3_fwd_tbl MyIngress.set_next_hop
1.1.1.2/32 => 1.1.1.2
table_add MyIngress.l3_fwd_tbl MyIngress.set_next_hop
1.1.2.2/32 => 1.1.2.2
table_add MyIngress.l3_fwd_tbl MyIngress.set_next_hop
1.1.3.0/24 => 1.1.3.1
table_add MyIngress.l3_fwd_tbl MyIngress.set_next_hop
1.1.4.0/24 => 1.1.4.1

# port_acl_tbl
table_add MyIngress.port_acl_tbl MyIngress.set_direction 1 2 => 0
table_add MyIngress.port_acl_tbl MyIngress.set_direction 2 1 => 0
table_add MyIngress.port_acl_tbl MyIngress.set_direction 1 3 => 0
table_add MyIngress.port_acl_tbl MyIngress.set_direction 1 4 => 0
table_add MyIngress.port_acl_tbl MyIngress.set_direction 2 3 => 0
table_add MyIngress.port_acl_tbl MyIngress.set_direction 2 4 => 0
table_add MyIngress.port_acl_tbl MyIngress.set_direction 3 1 => 1
table_add MyIngress.port_acl_tbl MyIngress.set_direction 3 2 => 1
table_add MyIngress.port_acl_tbl MyIngress.set_direction 4 1 => 1
table_add MyIngress.port_acl_tbl MyIngress.set_direction 4 2 => 1
```

5. 在终端 3 上开启抓包程序

```
sudo tcpdump -i veth1 -nn
```

6. 在终端 4 上发送测试报文

本节实例设计了 10 个发包脚本。

对于 HOST1 和 HOST2 相互访问，无条件通过。

```
# 发送允许通过的报文
sudo ./send_packet_port1_to_port2_syn_allow.py
sudo ./send_packet_port2_to_port1_syn_allow.py
```

如果 HOST3、HOST4 主动向 HOST1 发送 TCP 报文，不论是 syn 报文还是 synack 报文，全部丢弃。

```
# 发送不允许通过的报文
sudo ./send_packet_port3_to_port1_syn_deny.py
sudo ./send_packet_port4_to_port1_syn_deny.py
sudo ./send_packet_port3_to_port1_synack_deny.py
sudo ./send_packet_port4_to_port1_synack_deny.py
```

"stateful allow" 表示有状态地允许。即如果防火墙先收到 HOST1 发往 HOST3、HOST4 的 syn 报文，再收到 HOST3、HOST4 发往 HOST1 的响应报文，则允许通过。

```
# 经过有状态防火墙允许通过的报文
sudo ./send_packet_port1_to_port3_syn_allow.py
sudo ./send_packet_port3_to_port1_synack_allow.py
```

```
# 经过有状态防火墙允许通过的报文
sudo ./send_packet_port1_to_port4_syn_allow.py
sudo ./send_packet_port4_to_port1_synack_allow.py
```

7. 在终端 3 上抓包验证

以 HOST1 先向 HOST3 发送 syn 报文，然后 HOST3 向 HOST1 发送响应报文为例进行演示。

在终端 3 上启动抓包命令 sudo tcpdump –i veth1 –nn，在终端 4 上依次执行发包脚本。

```
sudo ./send_packet_port1_to_port3_syn_allow.py
sudo ./send_packet_port3_to_port1_synack_allow.py
```

此时观察 tcpdump 的输出，可以看到 HOST1 收到了 HOST3 发送的 synack 报文。

```
sudo tcpdump -i veth1 -nn
tcpdump: verbose output suppressed, use -v or -vv for full protocol decode
listening on veth1, link-type EN10MB (Ethernet), capture size
262144 bytes
20:24:57.405201 IP 1.1.1.2.10000 > 1.1.3.3.80: Flags [S], seq 1000,
win 8192, length 0
20:24:58.458190 IP 1.1.3.3.80 > 1.1.1.2.10000: Flags [S.], seq 2000,
ack 1001, win 8192, length 0
```

5.7.5　register 实例小结

通过本节实例的学习，读者可以掌握有状态资源 register 的使用方法，并熟悉 Bloom Filter 算法在 P4 中的实现。

拓展问题如下。

（1）本节实例实现的有状态防火墙，真的能够阻止 HOST3、HOST4 对 HOST1、HOST2 的恶意访问么？在什么情况下会失效？

（2）HOST3、HOST4 发往 HOST1、HOST2 的 synack 报文，ackseq 不对，该防火墙是不能够拦截的，那么如何修改才能都拦截呢？

（3）本节实例没有拦截 HOST3、HOST4 向 HOST1、HOST2 发送的 UDP 报文，这个功能如何实现？

5.8 counter 实例

本节主要介绍 v1model 中 counter 的使用方法。counter 也是一种有状态的资源。

v1model 中的 counter，主要作用用于计数。根据 counter 是否与表项相关联，可以分为 direct counter 和普通 counter 两种。

（1）director counter，与表项关联。表项命中时，counter 自动更新，不需要显式调用。

（2）普通 counter，不与表项关联，符合某种条件时，需要显式地调用 counter 的更新函数。

counter 可以对报文数量进行计数，也可以对报文长度进行计数，还可以同时对两者进行计数。定义 CounterType 的代码如下所示：

```
enum CounterType {
    packets,
    bytes,
    packets_and_bytes
}
```

本节实例涵盖的重要知识点如下。

（1）如何使用 direct counter。

（2）如何使用普通的 counter。

5.8.1 counter 实例的主要功能

为了介绍 counter 的使用方法，本节设计的实例主要使用 counter 对转发的报文进行计数。具体功能如下。

（1）对接收到的 UDP 报文进行计数。

（2）对入向端口接收的所有类型的报文进行计数。

（3）对入向端口接收的 TCP 报文进行计数。

（4）对出向端口发送的所有类型的报文进行计数。

（5）只转发 TCP 报文。

5.8.2 counter 实例的代码清单

代码目录在 09-counter 中。

本实例包含两个文件：header.p4 和 counter.p4。以下仅列出 counter.p4 中的关键代码：

```
control MyIngress(inout header_t hdr,
        inout metadata meta,
        inout standard_metadata_t standard_metadata)
{
    direct_counter(CounterType.packets_and_bytes) port_counter;
    direct_counter(CounterType.packets_and_bytes) tcp_counter;
    counter(1, CounterType.packets_and_bytes) udp_counter;

    table ingress_port_counter_tbl {
        key = {
            standard_metadata.ingress_port : exact;
        }
        actions = {
            NoAction;
        }

        counters = port_counter;
        size = PORT_MAX_NUMBER;
        default_action = NoAction();
    }

    action drop() {
        mark_to_drop(standard_metadata);
    }

    action fwd_tcp() {
        standard_metadata.egress_spec = 0x2;
    }

    table tcp_counter_tbl {
        key = {
            meta.l4_protocol : exact;
        }

        actions = {
            fwd_tcp;
            drop;
        }

        counters = tcp_counter;
        size = L4_PROTOCOL_MAX_NUMBER;
        default_action = drop();
    }

    apply {
        if (meta.l4_protocol == IP_PROTOCOLS_UDP) {
            udp_counter.count(0);
        }
```

```
                ingress_port_counter_tbl.apply();

                tcp_counter_tbl.apply();
        }
}

control MyEgress(inout header_t hdr,
        inout metadata meta,
        inout standard_metadata_t standard_metadata)
{
    counter(PORT_MAX_NUMBER, CounterType.packets_and_bytes) egress_
counter;

    action counter_action(bit<9> port_id) {
        egress_counter.count((bit<32>)port_id);
    }

    table egress_port_counter_tbl {
        key = {
            standard_metadata.egress_spec : exact;
        }

        actions = {
            counter_action;
        }
        size = PORT_MAX_NUMBER;
        default_action = counter_action(0x2);
    }

    apply {
        egress_port_counter_tbl.apply();
    }
}
```

5.8.3 counter 实例代码的详细解释

本节将按照代码的逻辑，对涉及的 P4 语言编程重要知识点进行详细解释。

1. direct counter 的定义和使用方法

```
control MyIngress(inout header_t hdr,
        inout metadata meta,
        inout standard_metadata_t standard_metadata)
{
    direct_counter(CounterType.packets_and_bytes) port_counter;
    direct_counter(CounterType.packets_and_bytes) tcp_counter;

    table ingress_port_counter_tbl {
        key = {
            standard_metadata.ingress_port : exact;
```

```
        }

        actions = {
            NoAction;
        }

        counters = port_counter;
        size = PORT_MAX_NUMBER;
        default_action = NoAction();
    }

    table tcp_counter_tbl {
        key = {
            meta.l4_protocol : exact;
        }

        actions = {
            fwd_tcp;
            drop;
        }

        counters = tcp_counter;
        size = L4_PROTOCOL_MAX_NUMBER;
        default_action = drop();
    }
}
```

　　direct counter 的使用比较简单，只需要在 table 定义时使用 counters=tcp_counter 或者 counters=port_counter 将 table 与 counter 进行关联即可。这样，当对应的表项命中时，会自动调用 direct counter 进行计数，不需要显式调用。

2. 普通 counter 的定义和使用方法

　　在 v1model 中，普通 counter 的原型如下：

```
// v1model.p4
counter(bit<32> size, CounterType type);
```

　　可以将 counter 看作一个数组，其中 size 表示该数组中一共有多少个元素，CounterType 表示对报数数量还是对报文长度进行计数：

```
counter(1, CounterType.packets_and_bytes) udp_counter;

if (meta.l4_protocol == IP_PROTOCOLS_UDP) {
    udp_counter.count(0);
}
```

　　普通 counter 不与 table 相关联，可以独立使用。这里定义了 udp_counter，1 表示该数组中只包含一个元素。类型是 CounterType.packets_and_bytes，表示既能对报文数量进行计数，又能对报文长度进行计数。

当接收到 UDP 报文时，需要显式调用 udp_counter.count（0）进行更新。其中 0 表示 counter 数组的下标，即第一个元素。

> **注意：**不需显式指定报文数量和报文长度。报文数量是每次加 1，报文长度是包含以太网头部的报文总长度。

普通 counter 可以在 action 中进行更新：

```
control MyEgress(inout header_t hdr,
        inout metadata meta,
        inout standard_metadata_t standard_metadata)
{
    counter(PORT_MAX_NUMBER, CounterType.packets_and_bytes) egress_
counter;

    action counter_action(bit<9> port_id) {
        egress_counter.count((bit<32>)port_id);
    }

    table egress_port_counter_tbl {
        key = {
            standard_metadata.egress_spec : exact;
        }
        actions = {
            counter_action;
        }
        size = PORT_MAX_NUMBER;
        default_action = counter_action(0x2);
    }

    apply {
        egress_port_counter_tbl.apply();
    }
}
```

在 egress 流水线中，本实例定义了一个普通的 counter，并将其命名为 egress_counter，用于对出向端口进行计数。端口数量最大值设置为 256，因此 egress_counter 最多可以包含 256 个元素。

命中 egress_port_counter_tbl 时，会自动执行 counter_action()。在 counter_action() 中，显式调用 egress_counter.count（（bit<32>）port_id）进行计数。

5.8.4 counter 实例的运行

运行本节实例需要以下 3 个终端，它们的作用如下。
（1）在终端 1 上，启动 BMv2 交换机。
（2）在终端 2 上，启动 simple_switch_CLI 配置表项。
（3）在终端 3 上，发送测试报文。

1. 网络拓扑

本节实例使用的网络拓扑，如图 5-12 所示。

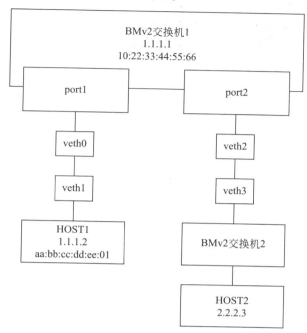

图 5-12　counter 实例拓扑

相关配置命令如下：

```
sudo ip link add veth0 type veth peer name veth1
sudo ip link add veth2 type veth peer name veth3
sudo ip link set veth0 up
sudo ip link set veth1 up
sudo ip link set veth2 up
sudo ip link set veth3 up
```

2. 编译方法

```
p4c-bm2-ss counter.p4 -o counter.json --p4runtime-files
counter.p4.p4info.txt
```

3. 在终端 1 上启动 BMv2 交换机

```
sudo simple_switch_grpc counter.json --log-console -i 1@veth0 -i
2@veth2
```

这里指定 veth0 作为 BMv2 交换机的 1 号端口，veth2 作为 BMv2 交换机的 2 号端口。simple_switch_grpc 程序作为服务要一直运行，直到测试结束。测试结束时可以按 Ctrl+C 组合键结束该程序的运行。

4. 在终端 2 上启动 simple_switch_CLI 并下发配置

```
# ingress_port_counter_tbl
table_add MyIngress.ingress_port_counter_tbl NoAction 1 =>
table_add MyIngress.ingress_port_counter_tbl NoAction 2 =>

# tcp_counter_tbl
table_add MyIngress.tcp_counter_tbl MyIngress.fwd_tcp 6 =>

# egress_port_counter_tbl
table_add MyEgress.egress_port_counter_tbl counter_action 1 => 1
table_add MyEgress.egress_port_counter_tbl counter_action 2 => 2
```

5. 在终端 3 上发送测试报文

本节实例设计了 3 个发包脚本，分别可以发送指定数量的 TCP、UDP、ICMP 报文。为了便于观察，每种报文的长度都故意设置成 100B：

```
sudo ./send_packet_tcp.py 1
sudo ./send_packet_udp.py 1
sudo ./send_packet_icmp.py 1
```

其中 1 表示报文数量，可以一次发送多个报文。

6. 在终端 2 上验证

在 simple_switch_CLI 终端，可以通过 counter_read 命令观察 counter 的值。命令格式如下：

```
counter_read counter_name index
```

以下是执行 sudo./send_packet_tcp.py 1 之后，通过 counter_read 命令观察到的结果：

```
RuntimeCmd: counter_read MyIngress.port_counter 0
this is the direct counter for table
MyIngress.ingress_port_counter_tbl
MyIngress.port_counter[0]= (100 bytes, 1 packets)
RuntimeCmd: counter_read MyIngress.tcp_counter 0
this is the direct counter for table
MyIngress.tcp_counter_tbl
MyIngress.tcp_counter[0]= (100 bytes, 1 packets)
RuntimeCmd: counter_read MyEgress.egress_counter 2
MyEgress.egress_counter[2]= (100 bytes, 1 packets)
RuntimeCmd: counter_read MyIngress.udp_counter 0
MyIngress.udp_counter[0]= (0 bytes, 0 packets)
```

可以看到，因为 TCP 报文会被 P4 流水线转发，所以 MyIngress.port_counter[0]、MyIngress.tcp_counter[0]、MyEgress.egress_counter[2] 的计数值都是（100 bytes, 1 packets）。因为 udp_counter 只会对 UDP 报文进行计数，所以 MyIngress.udp_counter[0] 的计数值没有更新，显示为（0 bytes, 0 packets）。

5.8.5　counter 实例小结

通过本节实例的学习，读者可以掌握 counter 的使用方法。

拓展问题如下。

（1）如果执行 sudo./send_packet_udp.py 100，udp_counter 的值会是多少？

（2）如何对 ICMP 协议的报文进行计数？

（3）对于出向端口，如何只对报文数量进行计数，不对报文长度进行计数？

5.9　meter 实例

本节主要介绍 v1model 中 meter 的使用方法。meter 也是一种有状态的资源，主要用于限速。

v1model 实现了单速三色桶和双速三色桶算法，参考 RFC 2697 和 RFC 2698。三种颜色分别是绿色、黄色、红色，程序中可以根据标记的报文颜色，进行丢包处理。

v1model 中的 meter，既可以对转发的报文数量进行限速（packets per second，PPS），又可以对转发的报文的字节数进行限速（bytes）。定义 MeterType 的代码如下所示：

```
enum MeterType {
    packets,
    bytes
}
```

v1model 中的 meter 与 counter 类似，根据是否与表项关联，可以分为 direct meter 和普通 meter。

本节实例涵盖的重要知识点如下。

（1）如何定义 meter 资源。

（2）如何读取 meter。

（3）如何根据 meter 标记的报文颜色进行丢包处理。

5.9.1　meter 实例的主要功能

为了介绍 meter 的使用方法，本节设计的实例主要实现了限速功能：每秒只允许转发一个报文。本实例选择在 egress 流水线对出向端口进行限速，具体功能如下。

（1）定义与出向端口相关联的 direct meter。

（2）控制面下发出向端口限速规则。

（3）读取 meter 对报文标记的颜色。

（4）丢弃黄色和红色报文。

5.9.2　meter 实例的代码清单

代码目录在 10-meter 中。

本实例包含两个文件：header.p4 和 meter.p4。以下仅列出 meter.p4 中的关键代码：

```
control MyIngress(inout header_t hdr,
        inout metadata meta,
        inout standard_metadata_t standard_metadata)
{
    apply {
        standard_metadata.egress_spec = 0x2;
    }
}

control MyEgress(inout header_t hdr,
        inout metadata meta,
        inout standard_metadata_t standard_metadata)
{
    bit<2> port_meter_result = V1MODEL_METER_COLOR_GREEN;
    direct_meter<bit<2>>(MeterType.packets) port_meter;

    action meter_action(){
        port_meter.read(port_meter_result);
    }

    table egress_port_tbl {
        key = {
            standard_metadata.egress_port : exact;
        }

        actions = {
            meter_action;
        }

        meters = port_meter;
        size = PORT_MAX_NUMBER;
        default_action = meter_action();
    }

    apply {
        egress_port_tbl.apply();
        if (port_meter_result >= V1MODEL_METER_COLOR_YELLOW) {
            mark_to_drop(standard_metadata);
        }
    }
}
```

5.9.3 meter 实例代码的详细解释

本节将按照代码的逻辑，对涉及的 P4 语言编程重要知识点进行详细解释。

1. 在 egress 中将报文出向端口设置为 2

```
standard_metadata.egress_spec = 0x2;
```

2. 定义 direct_meter

```
direct_meter<bit<2>>(MeterType.packets) port_meter;
```

因为只需要 3 种颜色，因此使用 bit<2> 即可表示所有状态。

3. 读取 meter 信息

```
bit<2> port_meter_result = V1MODEL_METER_COLOR_GREEN;
direct_meter<bit<2>>(MeterType.packets) port_meter;

action meter_action(){
    port_meter.read(port_meter_result);
}
```

执行 meter_action() 时，通过 meter 的 read() 接口读取 meter 的状态，并将状态保存到 port_meter_result 变量中，方便在流水线中使用。

4. 将 table 与 direct_meter 相关联

```
table egress_port_tbl {
    key = {
        standard_metadata.egress_port : exact;
    }

    actions = {
        meter_action;
    }

    meters = port_meter;
    size = PORT_MAX_NUMBER;
    default_action = meter_action();
}
```

其中，meters=port_meter 实现了将 table 与 direct_meter 相关联。这样，当 table 的对应表项命中时，关联的 direct_meter 会自动更新，不需要显式执行。

注意：如果使用普通 meter，需要显式调用 execute_meter() 函数进行 meter 的更新。

5. 根据 meter 标记的报文颜色进行丢包处理

```
# v1model.p4
#define V1MODEL_METER_COLOR_GREEN    0
#define V1MODEL_METER_COLOR_YELLOW   1
#define V1MODEL_METER_COLOR_RED      2

# meter.p4

egress_port_tbl.apply();
```

```
if (port_meter_result >=    V1MODEL_METER_COLOR_YELLOW) {
    mark_to_drop(standard_metadata);
}
```

这里将标记为黄色和红色的报文全部丢弃。

5.9.4　meter 实例的运行

运行本节实例需要以下 4 个终端，它们的作用如下。

（1）在终端 1 上，启动 BMv2 交换机。

（2）在终端 2 上，启动 simple_switch_CLI 配置表项。

（3）在终端 3 上，启动 tcpdump 抓包验证。

（4）在终端 4 上，发送测试报文。

1. 网络拓扑

本节实例使用的网络拓扑，如图 5-13 所示。

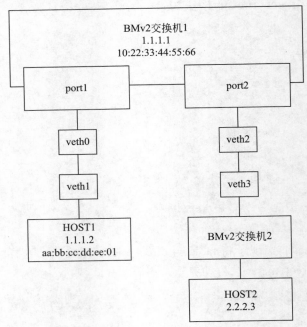

图 5-13　meter 实例拓扑图

相关配置命令如下：

```
sudo ip link add veth0 type veth peer name veth1
sudo ip link add veth2 type veth peer name veth3
sudo ip link set veth0 up
sudo ip link set veth1 up
sudo ip link set veth2 up
sudo ip link set veth3 up
```

2. 编译方法

```
p4c-bm2-ss meter.p4 -o meter.json --p4runtime-files meter.p4.p4info.txt
```

3. 在终端 1 上启动 BMv2 交换机

```
sudo simple_switch_grpc meter.json --log-console -i 1@veth0 -i 2@veth2
```

这里分别指定 veth0、veth2 作为 BMv2 交换机的 1 号端口和 2 号端口。

simple_switch_grpc 程序作为服务要一直运行，直到测试结束。测试结束时，可以按 Ctrl+C 组合键结束该程序的运行。

4. 在终端 2 上启动 simple_switch_CLI 并下发配置

```
# port_meter
table_add MyEgress.egress_port_tbl MyEgress.meter_action 2 =>
meter_set_rates MyEgress.port_meter 0 0.000001:1 0.00002:1
```

第一条命令将 2 号端口加入 egress_port_tbl，并且关联 MyEgress.meter_action。

第二条命令的格式是 meter_set_rates + meter_name + meter_index + 速率 1 + 速率 2。报文转发速率小于或等于速率 1 时是绿色的，报文转发速率大于速率 1 或小于速率 2 时是黄色的，报文转发速率大于速率 2 时是红色的。

> **注意**:0.000001:1，其中冒号前边的 0.000001 表示报文数量，冒号后边的 1 表示时间，单位是微秒，即百万分之一秒。0.000001:1 表示设置的速率是每秒转发一个报文。

5. 在终端 3 上开启抓包程序

```
sudo tcpdump -i veth1 -nn -vvv
```

6. 在终端 4 上发送测试报文

```
sudo ./send_packet_udp.py 10000
```

其中，10000 表示发送的报文数量。

```
sendp(pkt, iface=ifname, verbose=False, count=num, inter=1/1000)
```

为了观察限速效果，在 send_packet_udp.py 脚本中通过对 sendp() 函数指定 inter 参数，加快了发送报文的速率,1/1000 表示每秒发送 1000 个报文。

7. 在终端 3 上进行抓包验证

首先验证入向报文的接收速率:

```
sudo tcpdump -i veth1 -nn -vvv
tcpdump: listening on veth1, link-type EN10MB (Ethernet), capture
size 262144 bytes
```

```
23:24:49.729584 IP (tos 0x0, ttl 64, id 1, offset 0, flags [none],
proto UDP (17), length 86)
    1.1.1.2.8080 > 2.2.2.3.80: [udp sum ok] UDP, length 58
23:24:49.734170 IP (tos 0x0, ttl 64, id 1, offset 0, flags [none],
proto UDP (17), length 86)
    1.1.1.2.8080 > 2.2.2.3.80: [udp sum ok] UDP, length 58
23:24:49.740551 IP (tos 0x0, ttl 64, id 1, offset 0, flags [none],
proto UDP (17), length 86)
    1.1.1.2.8080 > 2.2.2.3.80: [udp sum ok] UDP, length 58
23:24:49.745483 IP (tos 0x0, ttl 64, id 1, offset 0, flags [none],
proto UDP (17), length 86)
    1.1.1.2.8080 > 2.2.2.3.80: [udp sum ok] UDP, length 58
23:24:49.749700 IP (tos 0x0, ttl 64, id 1, offset 0, flags [none],
proto UDP (17), length 86)
    1.1.1.2.8080 > 2.2.2.3.80: [udp sum ok] UDP, length 58
```

从屏幕显示可以看出，入向报文的速率是很快的，每秒 1000 个报文。

其次，验证出向报文的发送速率：

```
sudo tcpdump -i veth3 -nn -vvv
tcpdump: listening on veth3, link-type EN10MB (Ethernet), capture
size 262144 bytes
23:14:36.275326 IP (tos 0x0, ttl 64, id 1, offset 0, flags [none],
proto UDP (17), length 86)
    1.1.1.2.8080 > 2.2.2.3.80: [udp sum ok] UDP, length 58
23:14:37.243192 IP (tos 0x0, ttl 64, id 1, offset 0, flags [none],
proto UDP (17), length 86)
    1.1.1.2.8080 > 2.2.2.3.80: [udp sum ok] UDP, length 58
23:14:38.242383 IP (tos 0x0, ttl 64, id 1, offset 0, flags [none],
proto UDP (17), length 86)
    1.1.1.2.8080 > 2.2.2.3.80: [udp sum ok] UDP, length 58
23:14:39.263379 IP (tos 0x0, ttl 64, id 1, offset 0, flags [none],
proto UDP (17), length 86)
    1.1.1.2.8080 > 2.2.2.3.80: [udp sum ok] UDP, length 58
23:14:40.272088 IP (tos 0x0, ttl 64, id 1, offset 0, flags [none],
proto UDP (17), length 86)
    1.1.1.2.8080 > 2.2.2.3.80: [udp sum ok] UDP, length 58
```

从 veth3 接收到的报文的时间戳看，达到了限速每秒转发一个报文的目的。

5.9.5　meter 实例小结

通过本节实例的学习，读者可以掌握 meter 的使用方法，并可以实现一个简单的限速器。

拓展问题如下。

（1）如果想限制每秒转发 2 个报文，应该如何修改配置？

（2）如果只丢弃红色报文，P4 程序该如何修改？

（3）如何针对转发报文的字节数进行限速？

（4）如何使用普通的限速器？

5.10 resubmit/recirculate 实例

5.10 节至 5.12 节，将介绍控制报文转发路径相关的技术，原理参考 2.4 节。

本节主要介绍 v1model 中 resubmit/recirculate 的使用方法。这两种技术都可以实现将报文重新提交到流水线的功能。

交换芯片受硬件资源限制，流水线的级数是非常有限的，只有 10 级左右。这就意味着报文处理的逻辑不能太过复杂。但是如果实际业务的逻辑本身就很复杂，10 级流水线无法描述所有业务逻辑，那么怎么办呢？

工程师们发明了一种新的技术，当报文在流水线中处理完一遍以后，将报文重新提交到流水线的开头，再过一遍流水线，这样可以在一定程度上摆脱流水线级数的限制。并且这种技术可以循环使用，使一个报文多次经过流水线。这种将报文重新提交到流水线的技术，一般被称为 resubmit。

resubmit 技术看上去很完美，但是有严重的缺点，就是会降低流水线的吞吐量。假设一个交换芯片有 10 级流水线，有 32 个 100Gb/s 端口，吞吐量是 4736Mpps。假设每个报文都需要两次经过流水线，则每个报文可以经过 20 级流水线的处理，但是吞吐量会降低一半，只能达到 2368Mpps。所以，实际业务中需要在流水线资源和吞吐之间做一个平衡。

实际业务有这样两种不同的需求。

（1）将原始报文重新提交到 ingress 流水线的 parser 模块。

（2）将修改过的报文重新提交到 ingress 流水线的 parser 模块。

所以交换芯片一般会设计两种 resubmit 技术，在 v1model 中，分别被称为 resubmit 和 recirculate，具体差异表现如下。

（1）resubmit 只能在 ingress 流水线中使用。

（2）resubmit 是将原始报文重新提交到 ingress 流水线的 parser 模块，丢弃报文在 ingress 流水线中做的任何修改。

（3）resubmit 可以选择性地将某些 metadata 信息附着在原始报文中。

（4）recirculate 只能在 egress 流水线中使用。

（5）recirculate 是将在 ingress 流水线和 egress 流水线中修改过的报文重新提交到 ingress 流水线的 parser 模块，保留了修改的结果。

（6）recirculate 也可以选择性地将某些 metadata 信息附着在修改过的报文中。

resubmit 和 recirculate 的报文路径，如图 5-14 所示。

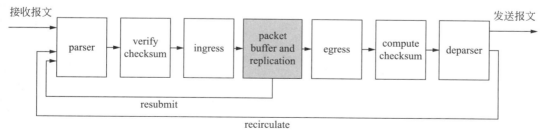

图 5-14　resubmit 和 recirculate 的报文路径

本节实例涵盖的重要知识点如下。

（1）如何使用 resubmit。

（2）如何使用 recirculate。

（3）如何在 resubmit/recirculate 时将某些 metadata 信息附着在报文中。

（4）如何通过 IPv4 报文头部的 ttl 字段，验证 resubmit 和 recirculate 在行为上的差异。

> **注意**：实际的交换芯片上，一般支持多条流水线，并且会支持流水线折叠（pipeline folded）的技术，将多条流水线串联起来，增加处理报文的逻辑，实现与 resubmit/recirculate 类似的功能。这也是一种牺牲吞吐量、增加处理逻辑复杂性的常用技术。流水线折叠只有在多条流水线的情况下才能工作，resubmit/recirculate 可以在多条流水线的情况下工作，也可以在单条流水线的情况下工作。因为 BMv2 只支持一条流水线，故本章中不介绍流水线折叠技术。

为了行文方便，本节实例被简称为 resubmit 实例。

5.10.1　resubmit 实例的主要功能

为了介绍 resubmit/recirculate 的使用方法，本节设计的实例主要实现了以下功能。

（1）在 ingress 流水线中，如果原始报文的 IPv4 头部的 ttl 是 128，则改为 32。

（2）在 ingress 流水线中，将原始报文重新提交给 ingress 的 parser 模块，同时将 ttl 等于 32 的信息通过 metadata 附着在原始报文中。

（3）在 egress 流水线中，如果原始报文的 IPv4 头部的 ttl 是 64，则改为 16。

（4）在 egress 流水线中，将修改过的报文重新提交给 ingress 的 parser 模块，同时将 ttl 等于 16 的信息通过 metadata 附着在修改过的报文中。

5.10.2　resubmit 实例的代码清单

代码目录在 11-resubmit 中。

本实例包含两个文件：header.p4 和 resubmit.p4。以下仅列出 resubmit.p4 中的关键代码：

```
#define PKT_INSTANCE_TYPE_NORMAL 0
#define PKT_INSTANCE_TYPE_RECIRCULATE 4
#define PKT_INSTANCE_TYPE_RESUBMIT 6

const bit<8> METADATA_RESUBMIT_INDEX = 0;
const bit<8> METADATA_RECIRCULATE_INDEX = 1;

struct metadata {
    @field_list(METADATA_RESUBMIT_INDEX)
    bit<8> ttl_1;
    @field_list(METADATA_RECIRCULATE_INDEX)
    bit<8> ttl_2;
}

control MyIngress(inout header_t hdr,
```

```
            inout metadata meta,
            inout standard_metadata_t standard_metadata)
{
    apply {
        standard_metadata.egress_spec = 0x2;
        if (standard_metadata.instance_type == PKT_INSTANCE_TYPE_
NORMAL) {
            if (hdr.ipv4.ttl == 128) {
                hdr.ipv4.ttl = 32;
                meta.ttl_1 = 32;

resubmit_preserving_field_list(METADATA_RESUBMIT_INDEX);
            }
        } else if (standard_metadata.instance_type == PKT_
INSTANCE_TYPE_RESUBMIT) {
            hdr.ipv4.identification = (bit<16>)(meta.ttl_1);
        } else if (standard_metadata.instance_type == PKT_
INSTANCE_TYPE_RECIRCULATE) {
            hdr.ipv4.identification = (bit<16>)(meta.ttl_2);
        }
    }
}

control MyEgress(inout header_t hdr,
        inout metadata meta,
        inout standard_metadata_t standard_metadata)
{
    apply {
        if (standard_metadata.instance_type == PKT_INSTANCE_TYPE_
NORMAL) {
            if (hdr.ipv4.ttl == 64) {
                hdr.ipv4.ttl = 16;
                meta.ttl_2 = 16;

recirculate_preserving_field_list(METADATA_RECIRCULATE_INDEX);
            }
        }
    }
}
```

5.10.3　resubmit 实例代码的详细解释

本节将按照代码的逻辑，对涉及的 P4 语言编程重要知识点进行详细解释。

1. 报文类型定义

```
#define PKT_INSTANCE_TYPE_NORMAL 0
#define PKT_INSTANCE_TYPE_RECIRCULATE 4
#define PKT_INSTANCE_TYPE_RESUBMIT 6
```

可以根据不同的分类标准将报文分为不同的类型。在 v1model 中，根据报文的来源，报文分为以下类型。

（1）PKT_INSTANCE_TYPE_NORMAL 表示 parser 从端口接收的普通报文。

（2）PKT_INSTANCE_TYPE_RESUBMIT 表示 parser 接收到的从 ingress 流水线调用 resubmit 重新投递的报文。

（3）PKT_INSTANCE_TYPE_RECIRCULATE 表示 parser 接收到的从 egress 流水线调用 recirculate 重新投递的报文。

不同的报文类型由 BMv2 自动保存到 standard_metadata_t.instance_type 中，程序中可以根据不同的报文类型进行分类处理。

2. 定义 metadata

```
const bit<8> METADATA_RESUBMIT_INDEX = 0;
const bit<8> METADATA_RECIRCULATE_INDEX = 1;

struct metadata {
    @field_list(METADATA_RESUBMIT_INDEX)
    bit<8> ttl_1;
    @field_list(METADATA_RECIRCULATE_INDEX)
    bit<8> ttl_2;
}
```

v1model 提供了一种机制，能够在 resubmit/recirculate 的同时，将 metadata 信息附着在报文中，这有助于判断报文是第一次经过流水线，还是因为调用了 resubmit/recirculate 第二次（或者第 N 次）经过流水线。

本实例中设计了两个 metadata 成员 ttl_1 和 ttl_2，分别用于 resubmit/recirculate。在调用 resubmit/recirculate 时，通过指定不同的 index 即可区分这两个成员。

相关函数原型如下面的代码所示：

```
extern void resubmit_preserving_field_list(bit<8> index);
extern void recirculate_preserving_field_list(bit<8> index);
```

以下是在 ingress 流水线中调用 resubmit 并且传递 metadata 的代码：

```
if (hdr.ipv4.ttl == 128) {
    hdr.ipv4.ttl = 32;
    meta.ttl_1 = 32;
    resubmit_preserving_field_list( METADATA_RESUBMIT_INDEX);
}
```

3. ingress 流水线中根据报文类型和 ttl 进行处理

```
control MyIngress(inout header_t hdr,
        inout metadata meta,
        inout standard_metadata_t standard_metadata)
{
    apply {
```

```
        standard_metadata.egress_spec = 0x2;
        if (standard_metadata.instance_type == PKT_INSTANCE_TYPE_
NORMAL) {
            if (hdr.ipv4.ttl == 128) {
                hdr.ipv4.ttl = 32;
                meta.ttl_1 = 32;

resubmit_preserving_field_list(METADATA_RESUBMIT_INDEX);
            }
        } else if (standard_metadata.instance_type == PKT_
INSTANCE_TYPE_RESUBMIT) {
            hdr.ipv4.identification = (bit<16>)(meta.ttl_1);
        } else if (standard_metadata.instance_type == PKT_
INSTANCE_TYPE_RECIRCULATE) {
            hdr.ipv4.identification = (bit<16>)(meta.ttl_2);
        }
    }
}
```

ingress 流水线，会收到 3 种类型的报文。后边在验证时，会发送两种测试报文，一种 ttl 为 128，另一种 ttl 为 64。

（1）如果接收到的是普通报文（PKT_INSTANCE_TYPE_NORMAL），并且 ttl 为 128，则将 ttl 设置为 32，并保存在 meta.ttl_1 字段中。并且调用 resubmit_preserving_field_list() 执行 resubmit 操作。

（2）如果接收到的是 resubmit 报文（PKT_INSTANCE_TYPE_RESUBMIT），将 meta.ttl_1（值为 32）保存到 IPv4 的 identification 字段中，方便抓包验证。

（3）如果接收到的是 recirculate 报文（PKT_INSTANCE_TYPE_RECIRCULATE），将 meta.ttl_2（值为 16）保存到 IPv4 的 identification 字段中，方便抓包验证。

4. 在 egress 流水线中根据报文类型和 ttl 进行处理

```
control MyEgress(inout header_t hdr,
        inout metadata meta,
        inout standard_metadata_t standard_metadata)
{
    apply {
        if (standard_metadata.instance_type == PKT_INSTANCE_TYPE_
NORMAL) {
            if (hdr.ipv4.ttl == 64) {
                hdr.ipv4.ttl = 16;
                meta.ttl_2 = 16;

recirculate_preserving_field_list(METADATA_RECIRCULATE_INDEX);
            }
        }
    }
}
```

egress 流水线也会收到 3 种类型的报文，但这里只对普通报文（PKT_INSTANCE_TYPE_NORMAL）进行处理，将报文的 ttl 设置为 32，并保存在 meta.ttl_2 字段中，并且调用 recirculate_preserving_field_list() 执行 recirculate 操作。

5.10.4　resubmit 实例的运行

运行本节实例，因为不需要下发配置，所以只需要以下 3 个终端，它们的作用如下。

（1）在终端 1 上，启动 BMv2 交换机。

（2）在终端 2 上，启动 tcpdump 抓包验证。

（3）在终端 3 上，发送测试报文。

1. 网络拓扑

本节实例使用的网络拓扑如图 5-15 所示。

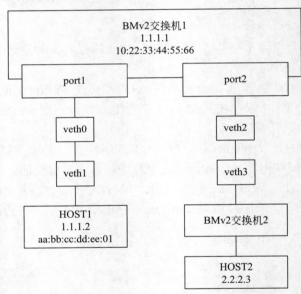

图 5-15　resubmit 实例拓扑图

本节实例使用的网络拓扑，相关配置命令如下：

```
sudo ip link add veth0 type veth peer name veth1
sudo ip link add veth2 type veth peer name veth3
sudo ip link set veth0 up
sudo ip link set veth1 up
sudo ip link set veth2 up
sudo ip link set veth3 up
```

2. 编译方法

```
p4c-bm2-ss resubmit.p4 -o resubmit.json --p4runtime-files
resubmit.p4.p4info.txt
```

3. 在终端 1 上启动 BMv2 交换机

```
sudo simple_switch_grpc resubmit.json --log-console -i 1@veth0 -i
2@veth2
```

这里分别指定 veth0、veth2 作为 BMv2 交换机的 1 号和 2 号端口。
simple_switch_grpc 程序作为服务要一直运行，直到测试结束。测试结束时可以按
Ctrl+C 组合键结束 simple_switch_grpc 程序的运行。

4. 在终端 2 上开启抓包程序

```
sudo tcpdump -i veth1 -nn -vvv
```

5. 在终端 3 上发送测试报文

```
sudo ./send_packet_udp_ttl_128.py
sudo ./send_packet_udp_ttl_64.py
```

这两个脚本分别发送一个 ttl 为 128 和 64 的报文。

6. 在终端 2 上进行抓包验证

（1）第一阶段测试。

第一阶段测试主要验证 resubmit 的功能。

① 在终端 2 上启动抓包程序：

```
sudo tcpdump -i veth1 -nn -vvv
```

② 在终端 3 上发送一个测试报文：

```
sudo ./send_packet_udp_ttl_128.py
```

③ 在终端 2 上观察 BMv2 处理前的报文：

```
tcpdump: listening on veth1, link-type EN10MB (Ethernet), capture
size 262144 bytes
09:34:03.049157 IP (tos 0x0, ttl 128, id 1, offset 0, flags [none],
proto UDP (17), length 86)
    1.1.1.2.8080 > 2.2.2.3.80: [udp sum ok] UDP, length 58
```

可以看到 ttl 为 128，id 为 1。

④ 在终端 2 上重新启动抓包程序：

```
sudo tcpdump -i veth3 -nn -vvv
```

⑤ 在终端 3 上发送一个测试报文：

```
sudo ./send_packet_udp_ttl_128.py
```

⑥ 在终端 2 上观察 BMv2 处理后的报文：

```
sudo tcpdump -i veth3 -nn -vvv
tcpdump: listening on veth3, link-type EN10MB (Ethernet), capture
```

```
size 262144 bytes
09:33:20.508130 IP (tos 0x0, ttl 128, id 32, offset 0, flags [none],
proto UDP (17), length 86)
    1.1.1.2.8080 > 2.2.2.3.80: [udp sum ok] UDP, length 58
```

可以看到 ttl 没有改变，仍然为 128，id 从 1 变为 32。

（2）第二阶段测试。

第二阶段测试主要验证 recirculate 的功能。

① 在终端 2 上启动抓包程序：

```
sudo tcpdump -i veth1 -nn -vvv
```

② 在终端 3 上发送一个测试报文：

```
sudo ./send_packet_udp_ttl_64.py
```

③ 在终端 2 上观察 BMv2 处理前的报文：

```
sudo tcpdump -i veth1 -nn -vvv
tcpdump: listening on veth1, link-type EN10MB (Ethernet), capture
size 262144 bytes
09:34:35.904765 IP (tos 0x0, ttl 64, id 65535, offset 0, flags [none],
proto UDP (17), length 86)
    1.1.1.2.8080 > 2.2.2.3.80: [udp sum ok] UDP, length 58
```

可以看到 ttl 为 64，id 为 65535。

④ 在终端 2 上重新启动抓包程序：

```
sudo tcpdump -i veth3 -nn -vvv
```

⑤ 在终端 3 上发送一个测试报文：

```
sudo ./send_packet_udp_ttl_128.py
```

⑥ 在终端 2 上观察 BMv2 处理后的报文：

```
sudo tcpdump -i veth3 -nn -vvv
tcpdump: listening on veth3, link-type EN10MB (Ethernet), capture
size 262144 bytes
09:34:52.629495 IP (tos 0x0, ttl 16, id 16, offset 0, flags [none],
proto UDP (17), length 86)
    1.1.1.2.8080 > 2.2.2.3.80: [udp sum ok] UDP, length 58
```

可以看到 ttl 从 64 变为 16，id 从 65535 变为 16。

本节实例的逻辑比较复杂，总结起来如表 5-4 所示。

表 5-4　resubmit 实例的处理逻辑

报文处理过程	测 试 报 文	测 试 报 文
开始状态	ttl=128，id=1	ttl=64，id=65535
ingress 第一次处理	ttl=32，id=1	N/A
egress 第一次处理	N/A	ttl=16，id=65535
ingress 第二次处理	ttl=128，id=32	ttl=16，id=16

续表

报文处理过程	测 试 报 文	测 试 报 文
egress 第二次处理	N/A	N/A
最终结果	ttl=128，id=32	ttl=16，id=16

5.10.5　resubmit 实例小结

通过本节实例的学习，读者可以掌握 resubmit/recirculate 的使用方法。通过该方法，可以增加流水线的级数，实现更复杂的处理逻辑。

拓展问题如下。

（1）为了避免报文在流水线中因为反复 resubmit/recirculate 导致成环，可以使用什么样的方法？

（2）流水线中如何增加检测 ttl 为 0 丢弃报文的逻辑？

5.11　clone 实例

本节主要介绍 v1model 中 clone 的使用方法，用于实现复制报文的功能。

实际业务可能有流量镜像的需求，可以通过复制报文的技术实现。复制报文可以进一步分为两种类型。

（1）复制原始报文，发送到指定端口或者经过封装后发送到远端。

（2）复制流水线修改过的报文，发送到指定端口或者经过封装后发送到远端。

这两种需求在 v1model 中分别通过 ingress clone 和 egress clone 实现，报文路径如图 5-16 所示。

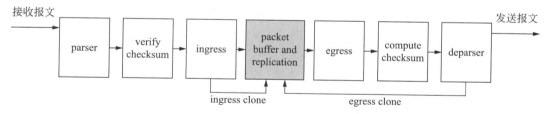

图 5-16　v1model ingress/egress clone 报文路径

v1model 中 CloneTpye 的定义如下：

```
enum CloneType {
    I2E,
    E2E
}
```

在 ingress 流水线中复制的报文会丢弃在 ingress 中对报文做的修改，然后直接进入 Packet Buffer and Replication 模块，随后进入 egress 流水线的开头。

在 egress 流水线中复制的报文会保留在 ingress 与 egress 中对报文做的修改，然后进入 Packet Buffer and Replication 模块，随后再次进入 egress 流水线的开头。

clone 技术与 5.10 节介绍的 resubmit/recirculate 技术一样，也会影响流水线的吞吐量，读者需要在特定场景下选择性使用。clone 技术一般在两种场景中使用。

（1）流量镜像：用于流量分析和统计。

（2）抓包验证：用于验证流水线的处理逻辑是否符合预期。

clone 的使用方法并不复杂，但是有一个概念需要着重强调，那就是 mirror session 的概念。clone 操作需要为新复制的报文指定一个出向端口，这是 clone 操作的一个部分。将一组需要执行同样 clone 操作的报文进行分类，每一类报文使用一个 mirror session 来表示。一般不同的 mirror session 的 clone 操作是不同的。

mirror session 由（session id, port number）组成，其中 session id 是个有符号 32 位整型，在 BMv2 中范围是 [-2147483648,2147483647]，port number 是 BMv2 中的端口号，也是个有符号 32 位整型，在 BMv2 中范围是 [-2147483648,2147483647]。

mirror session 由控制面指定，然后数据面使用。调用 clone 时可以选择不同的 session id，实现针对不同类型的流量执行不同的 clone 操作的目的。

> **注意**：在 BMv2 中，mirror session id 和 port number 都是有符号 32 位整型，取值范围 [-2147483648,2147483647]。其他 P4 target 需要参考对应的手册。

本节实例涵盖的重要知识点如下。

（1）如何在 ingress 中使用 clone，实现报文复制。

（2）如何在 egress 中使用 clone，实现报文复制。

> **注意**：对复制的报文，可以重复进行多次复制操作，要避免形成无限循环。

5.11.1　clone 实例的主要功能

为了介绍 clone 的使用方法，本节仍然通过修改 IPv4 报文头部的 ttl 字段，展示 ingress/egress 流水线 clone 的差异。

本节实例具体功能如下。

（1）在 ingress 流水线中将原始报文复制一份，原始报文和复制的报文送到 egress 流水线的开头继续处理。

（2）在 egress 流水线中将原始报文再复制一份，将第二次复制的报文再次送到 egress 流水线的开头继续处理。

> **注意**：本实例由一个报文产生了三个报文，从中可体会到 clone 技术"一生二、二生三"的神奇特性。

5.11.2　clone 实例的代码清单

代码目录在 12-clone 中。

本实例包含两个文件：header.p4 和 clone.p4。以下仅列出 clone.p4 中的关键代码：

```
control MyIngress(inout header_t hdr,
        inout metadata meta,
        inout standard_metadata_t standard_metadata)
{
    apply {
        standard_metadata.egress_spec = 0x2;
        hdr.ipv4.ttl = hdr.ipv4.ttl - 1;
        clone(CloneType.I2E, 100);
    }
}

control MyEgress(inout header_t hdr,
        inout metadata meta,
        inout standard_metadata_t standard_metadata)
{
    apply {
        if (standard_metadata.instance_type == PKT_INSTANCE_TYPE_
NORMAL) {
            hdr.ipv4.ttl = hdr.ipv4.ttl - 1;
            clone(CloneType.E2E, 200);
        } else if (standard_metadata.instance_type == PKT_
INSTANCE_TYPE_EGRESS_CLONE) {
            hdr.ipv4.ttl = hdr.ipv4.ttl - 1;
        } else if (standard_metadata.instance_type == PKT_
INSTANCE_TYPE_INGRESS_CLONE) {
            // 什么也不做
        }
    }
}
```

5.11.3　clone 实例代码的详细解释

本节将按照代码的逻辑，对涉及的 P4 语言编程重要知识点进行详细解释。
在梳理代码之前，先看一下控制面对 mirror session 的设置：

```
mirroring_add 100 3
mirroring_add 200 4
```

第一条命令表示对于 mirror session id 100 的报文，出向端口设置为 3 号端口。第二条
命令表示对于 mirror session id 200 的报文，出向端口设置为 4 号端口。

> **注意**：后边发送测试报文时，会指定 IPv4 报文头部的 ttl 字段为 64。

以下为了行文方便，将原始报文命名为 A。

1. ingress 中将原始报文出向端口设置为 2 并将 ttl 减 1

```
standard_metadata.egress_spec = 0x2;
hdr.ipv4.ttl = hdr.ipv4.ttl - 1;
```

原始报文 A，设置出向端口为 2，预期会从 2 号端口发出去。

2. ingress 中调用 clone

```
clone(CloneType.I2E, 100);
```

在 ingress 中调用 clone，指定 mirror session id 100，表示将复制的报文（命名为 B）的出向端口设置为 3。

根据 CloneType.I2E 的特性，前边对 IPv4 报文头部的 ttl 减 1 的操作会被丢弃，因此对于原始报文 A，ttl 从 64 变为 63；对于复制的报文 B，ttl 仍然是 64。

3. 在 egress 中调用 clone

```
if (standard_metadata.instance_type == PKT_INSTANCE_TYPE_NORMAL) {
        hdr.ipv4.ttl = hdr.ipv4.ttl - 1;
        clone(CloneType.E2E, 200);
}
```

在 egress 流水线中，只针对原始报文 A 进行复制操作，避免产生无限循环复制。这里将原始报文 A 的 ttl 再次减 1，从 64 变为 63，然后调用 clone，指定 mirror session id 200，表示将新复制的报文（命名为 C）的出向端口设置为 4。

根据 CloneType.E2E 的特性，前面对原始报文 IPv4 报文头部的 ttl 减 1 的操作会保留，因此对于原始报文 A，ttl 从 63 变为 62；对于复制的报文 C，ttl 也是 62。

4. 在 egress 中处理从 ingress 和 egress 中复制的报文

```
} else if (standard_metadata.instance_type == PKT_INSTANCE_TYPE_EGRESS_
CLONE) {
    hdr.ipv4.ttl = hdr.ipv4.ttl - 1;
} else if (standard_metadata.instance_type == PKT_INSTANCE_TYPE_
INGRESS_CLONE) {
    // 什么也不做
}
```

在 ingress 中调用 clone（CloneType.I2E），复制的报文 B 会直接进入 egress 流水线的开头，报文类型为 PKT_INSTANCE_TYPE_INGRESS_CLONE。这里对报文 B 不做任何处理。因此报文 B 的出向端口为 3，ttl 为 64。

在 egress 中调用 clone（CloneType.E2E），复制的报文 C 会直接进入 egress 流水线的开头，报文类型为 PKT_INSTANCE_TYPE_EGRESS_CLONE。这里对报文 C 再次进行 ttl 减 1 的操作。因此报文 C 的出向端口为 4，ttl 为 61。

5.11.4 clone 实例的运行

运行本节实例，需要以下 6 个终端，它们的作用如下。

（1）在终端 1 上，启动 BMv2 交换机。

（2）在终端 2 上，启动 simple_switch_CLI 配置表项。

（3）在终端 3、端口 4、端口 5 上，启动 tcpdump 抓包验证。

（4）在终端 6，发送测试报文。

1. 网络拓扑

本节实例使用的网络拓扑，如图 5-17 所示。

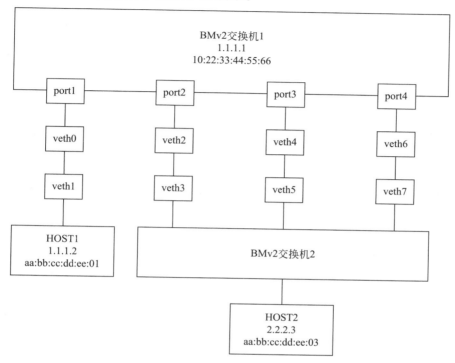

图 5-17　clone 实例拓扑图

相关配置命令如下：

```
sudo ip link add veth0 type veth peer name veth1
sudo ip link add veth2 type veth peer name veth3
sudo ip link add veth4 type veth peer name veth5
sudo ip link add veth6 type veth peer name veth7
sudo ip link set veth0 up
sudo ip link set veth1 up
sudo ip link set veth2 up
sudo ip link set veth3 up
sudo ip link set veth4 up
sudo ip link set veth5 up
sudo ip link set veth6 up
sudo ip link set veth7 up
```

2. 编译方法

```
p4c-bm2-ss clone.p4 -o clone.json --p4runtime-files clone.p4.p4info.txt
```

3. 在终端 1 上启动 BMv2 交换机

```
sudo simple_switch_grpc clone.json --log-console -i 1@veth0 -i 2@veth2
```

```
-i 3@veth4 -i 4@veth6
```

这里分别指定 veth0、veth2、veth4、veth6 作为 BMv2 交换机的 1 号、2 号、3 号和 4 号端口。

simple_switch_grpc 程序作为服务要一直运行，直到测试结束。测试结束时可以按 Ctrl+C 组合键结束 simple_switch_grpc 程序的运行。

4. 在终端 2 上启动 simple_switch_CLI 并下发配置

```
# 配置 mirror session
# 配置格式：mirroring_add session_id port_id
mirroring_add 100 3
mirroring_add 200 4
```

第一条命令表示对于 mirror session id 100 的报文，出向端口设置为 3 号端口。
第二条命令表示对于 mirror session id 200 的报文，出向端口设置为 4 号端口。

5. 在终端 3 至终端 5 上分别开启抓包程序

```
sudo tcpdump -i veth3 -nn -vvv

sudo tcpdump -i veth5 -nn -vvv

sudo tcpdump -i veth7 -nn -vvv
```

6. 终端 6 发送测试报文

```
sudo ./send_packet_udp_ttl_64.py
```

7. 抓包验证

（1）原始报文 A 从 2 号端口发出：

```
sudo tcpdump -i veth3 -nn -vvv
tcpdump: listening on veth3, link-type EN10MB (Ethernet), capture
size 262144 bytes
23:08:24.213077 IP (tos 0x0, ttl 62, id 65535, offset 0, flags [none],
proto UDP (17), length 86)
    1.1.1.2.8080 > 2.2.2.3.80: [udp sum ok] UDP, length 58
```

原始报文 A 的 ttl 在 ingress 和 egress 中分别被减了 1 次，因为 ttl 从 64 变为 62。
（2）ingress 复制的报文 B 从 3 号端口发出：

```
sudo tcpdump -i veth5 -nn -vvv
tcpdump: listening on veth5, link-type EN10MB (Ethernet), capture
size 262144 bytes
23:10:59.556344 IP (tos 0x0, ttl 64, id 65535, offset 0, flags [none],
proto UDP (17), length 86)
    1.1.1.2.8080 > 2.2.2.3.80: [udp sum ok] UDP, length 58
```

在 ingress 中进行报文复制时，会丢弃修改，保持原始报文，因此报文 B 的 ttl 字段仍然是 64。

（3）egress 复制的报文 C 从 4 号端口发出：

```
sudo tcpdump -i veth7 -nn -vvv
tcpdump: listening on veth7, link-type EN10MB (Ethernet), capture
size 262144 bytes
23:10:59.555911 IP (tos 0x0, ttl 61, id 65535, offset 0, flags [none],
proto UDP (17), length 86)
    1.1.1.2.8080 > 2.2.2.3.80: [udp sum ok] UDP, length 58
```

在 egress 中进行报文复制时，会保留修改，因此报文 C 的 ttl 字段是 61。原始报文 ttl 是 64，在 ingress 中减 1，在 egress 中减 1，在 egress 中进行复制，再次进入 egress 中又减 1，因为最终结果是 61。

clone 实例的处理逻辑，如表 5-5 所示。

表 5-5　clone 实例的处理逻辑

报文处理过程	原始报文 A	复制的报文 B	复制的报文 C
开始状态	ttl=64	N/A	N/A
ingress ttl 减 1	ttl=63	N/A	N/A
ingress clone	N/A	ttl=64	N/A
egress ttl 减 1	ttl=62	N/A	N/A
egress clone	N/A	N/A	ttl=62
egress 对复制的报文 C 的 ttl 减 1	N/A	N/A	ttl=61
最终结果	ttl=62	ttl=64	ttl=61

5.11.5　clone 实例小结

通过本节实例的学习，可以掌握 clone 的使用方法。

拓展问题如下。

（1）如果控制面不下发 mirror session id 的设置，数据面会出错吗？

（2）如果控制面不下发 mirror session id 的设置，端口 3 和端口 4 会收到报文吗？

（3）对同一个报文，可以进行调用多次 clone() 操作吗？

5.12　vnic 实例

前文的编程实例，范围主要局限在可编程交换芯片的数据面和控制面。控制面负责下发配置，而报文则由数据面处理和转发，不需要其他组件的参与。但是实际上，交换机还有其他重要的模块和组件。

一个典型的白盒交换机系统，可以分为硬件系统和软件系统两部分，软件系统又分为内核和应用程序两部分，如图 5-18 所示。

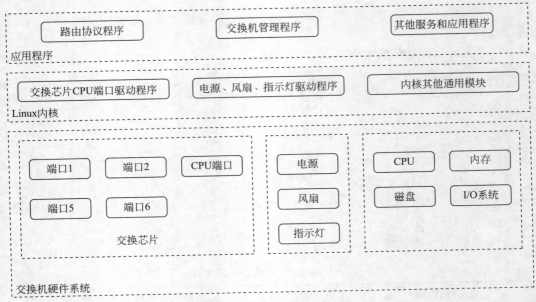

图 5-18　白盒交换机模块

白盒交换机硬件系统，主要分为三部分。

（1）交换芯片，以及若干端口。服务器与交换机、交换机与交换机之间通过光模块和光纤连接。

（2）指示灯、电源、风扇等。指示灯用于指示链路的连通性。并且因为交换机对稳定性要求更高，电源、风扇等配置的规格一般比服务器高一些。

（3）CPU、内存、磁盘、I/O 系统。这里可以看作一个低配版的服务器。交换芯片对 CPU 来说是一个 PCIE 设备，CPU 可以通过 PCIE 通道与交换机芯片进行通信，如下发和读取配置。

白盒交换机软件系统，主要分为三部分。

（1）交换机操作系统（一般是 Linux）以及相关应用程序。因为交换芯片对 CPU 来说是一个 PCIE 设备，因此内核中也会包含对应的驱动程序。应用程序或者内核可以通过该驱动程序访问交换芯片。表项的下发也是通过这个 PCIE 通道实现的。

（2）路由协议程序。

（3）交换机管理程序。

在实际的项目中，经常会遇到需要将数据面的报文转发到交换机的 CPU，由交换机的 CPU 处理的情况，这一过程一般被称为报文上送 CPU。例如，路由协议报文就需要上送 CPU，交由路由软件处理。将报文转发到交换机的 CPU，需要在数据面的流水线中将报文的出向端口设置成一个特殊的端口号，这个端口被称为 CPU 端口。

交换机作为一个三层网关，需要将发给网关地址的 arp 请求报文、icmp 请求报文等上送 CPU，由内核进行响应，然后将响应报文通过 PCIE 通道发送给交换芯片，由交换芯片进行转发。

当交换机的端口作为三层网关时，它具有 IP 地址和 MAC 地址，能够像内核的一个网络设备一样响应各种报文，为了方便管理，通常会在交换机操作系统的内核中创建与物理端口——对应的虚拟设备,一般被称为 vnic。其中 nic 是网卡的英文 Network Interface Card 的缩写,v 是 Virtual(虚拟)的缩写。例如物理端口 1,会创建 vnic1 与之相对应。

　　本节实例,将在交换机内核中创建与物理端口对应的虚拟设备,用于处理 ping 网关的 icmp 报文。这一过程包括以下步骤。

　　(1)将数据面报文上送到交换机的 CPU 和内核。

　　(2)报文由交换机的 CPU 和内核进行处理。

　　(3)将 ping 响应报文发回到交换交换机,然后经过流线处理,经过特定端口发送出去。

> **注意**:本节实例中,测试环境是 BMv2 和 Linux veth,所以使用了 veth 设备模拟交换芯片的 CPU 端口。这与实际的交换机是不同的。这里假设 CPU 端口号是 255。不同 target 上的 CPU 端口号是不同的,可参考对应的编程手册。

　　本节实例涵盖的重要知识点如下。

　　(1)CPU 端口的概念。

　　(2)如何将报文从数据面转发到 CPU 端口。

　　(3)报文由 CPU 端口进行处理。

　　(4)响应报文经过 CPU 端口发送到数据面。

　　(5)响应报文经过数据面发回给请求端。

5.12.1　vnic 实例的主要功能

　　为了介绍报文上送 CPU 的使用方法,本节设计的实例主要实现了网关功能。网关的 IPv4 地址是 1.1.1.1,对应的 MAC 地址是 10:22:33:44:55:66。本节实例具体功能如下。

　　(1)交换机内核响应目的 IPv4 地址是网关的 arp 请求报文。

　　(2)将 arp 响应报文发回数据面进行转发。

　　(3)交换机内核响应目的 IPv4 地址是网关的 icmp 请求报文。

　　(4)将 icmp 响应报文发回数据面进行转发。

> **注意**:响应 arp 请求报文和 icmp 请求报文,也可以在数据面直接完成。但是本节实例为了介绍上送 CPU 技术,所以将报文通过 CPU 端口转发给交换机的 CPU,由交换机的内核进行处理。

5.12.2　vnic 实例的代码清单

　　代码目录在 13-vnic 中。

　　本实例包含两个文件:header.p4 和 vnic.p4。其中,header.p4 文件中增加了 arp 报文头部的定义:

```
header arp_h {
    bit<16> hw_type;
    bit<16> proto_type;
    bit<8> hw_addr_len;
```

```
        bit<8> proto_addr_len;
        bit<16> opcode;
        mac_addr_t src_addr;
        ipv4_addr_t src_ip;
        mac_addr_t dst_addr;
        ipv4_addr_t dst_ip;
}
```

以下仅列出 vnic.p4 中的关键代码。

在 MyParser 中增加对 arp 报文的解析，提取 arp 报文头部。它可以同时处理 arp 请求报文和 arp 响应报文：

```
parser MyParser(packet_in pkt,
        out header_t hdr,
        inout metadata meta,
        inout standard_metadata_t standard_metadata)
{
    ...
    state parse_arp {
        pkt.extract(hdr.arp);
        transition accept;
    }
}
```

在 MyIngress 流水线中，设计两个 table，分别用于处理 arp 报文和 IPv4 报文：

```
control MyIngress(inout header_t hdr,
        inout metadata meta,
        inout standard_metadata_t standard_metadata)
{
    action fwd_cpu_action(){
        standard_metadata.egress_spec = 255;
    }

    table arp_tbl {
        key = {
            hdr.arp.dst_ip : exact;
        }

        actions = {
            fwd_cpu_action;
            NoAction;
        }

        size = PORT_MAX_NUMBER;
        default_action = NoAction;
    }

    table vnic_tbl {
        key = {
            hdr.ipv4.dst_addr : exact;
        }
```

```
        actions = {
            fwd_cpu_action;
            NoAction;
        }

        size = PORT_MAX_NUMBER;
        default_action = NoAction;
    }

    apply {
        standard_metadata.egress_spec = 1;
        arp_tbl.apply();
        vnic_tbl.apply();
    }
}
```

5.12.3　vnic 实例代码的详细解释

本节将顺着代码的逻辑对涉及的 P4 编程重要知识点进行详细解释。

1. arp_tbl 的实现

arp_tbl 的 key 是 hdr.arp.dst_ip，即 arp 请求报文中的目的 IPv4 地址。arp_tbl 的 action 是 fwd_cpu_action()，它将报文的出向端口设置为 255，这样报文就会被转发到 CPU 端口，从而进入交交换机内核的协议栈：

```
action fwd_cpu_action(){
    standard_metadata.egress_spec = 255;
}
```

> **注意:** 在本实例中，将交换机的 CPU 端口设置为 255，这是通过启动 BMv2 交换机时设置 −i 255@vnic1_cpu 参数实现的。
>
> 在其他 target 中，交换机端口一般是固定的值，具体请参考 target 的使用手册。

2. vnic_tbl 的实现

vnic_tbl 的作用是将目的 IPv4 地址是网关的报文上送到 CPU 端口，由交换机的内核或者应用程序进行处理。vnic_tbl 的 key 是 hdr.ipv4.dst_addr，即 IPv4 报文中的目的 IPv4 地址。vnic_tbl 的 action 与 arp_tbl 一样，也是 fwd_cpu_action()：

```
table vnic_tbl {
    key = {
        hdr.ipv4.dst_addr : exact;
    }

    actions = {
        fwd_cpu_action;
        NoAction;
```

```
        }

        size = PORT_MAX_NUMBER;
        default_action = NoAction;
    }
```

3. ingress 流水线的逻辑

```
control MyIngress(inout header_t hdr,
        inout metadata meta,
        inout standard_metadata_t standard_metadata)
{
...
    apply {
        standard_metadata.egress_spec = 1;
        arp_tbl.apply();
        vnic_tbl.apply();
    }
}
```

在 ingress 流水线中，首先将报文的出向端口默认设置为 1，报文会依次与 arp_tbl、vnic_tbl 进行匹配。

（1）对于发送给 vnic 的报文，因为目的 IPv4 地址是 vnic，所以报文上送 CPU。

（2）对于 vnic 的响应报文，因为目的 IPv4 地址不是 vnic，所以不需要处理，因此 vnic 的响应报文会通过出向端口 1 发送出去。

5.12.4　vnic 实例的运行

运行本节实例，需要以下 4 个终端，它们的作用如下。

（1）在终端 1 上，启动 BMv2 交换机。

（2）在终端 2 上，启动 simple_switch_CLI 配置表项。

（3）在终端 3 上，启动 tcpdump 抓包验证。

（4）在终端 4 上，发送测试报文。

1. 网络拓扑

本节实例使用的网络拓扑，如图 5-19 所示。

本节实例使用的网络拓扑，相关配置命令如下：

```
sudo ip netns add ns0
sudo ip netns add ns1
sudo ip link add veth0 type veth peer name veth1
sudo ip link add vnic1 type veth peer name vnic1_cpu
sudo ip link set veth1 netns ns0
sudo ip link set vnic1 netns ns1
sudo ip netns exec ns0 ifconfig veth1 1.1.1.2/24 up
sudo ip netns exec ns1 ifconfig vnic1 1.1.1.1/24 up
sudo ip link set veth0 up
```

```
sudo ip link set vnic1_cpu up
```

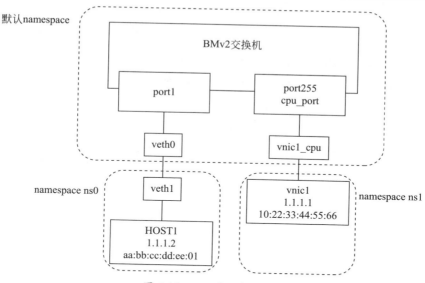

图 5-19　vnic 实例拓扑图

这里有三个地方需要注意。

（1）veth 设备的名字。第二对 veth pair 设备的名字，分别是 vnic1 和 vnic1_cpu。

（2）本节实例的测试环境是 BMv2 和 Linux veth，所以使用了 veth 设备（vnic1_cpu）模拟交换芯片的 CPU 端口。

（3）因为 veth1 和 vnic1 在同一子网中，为了简化配置，将两者分别放在不同的 network namespace 中进行隔离。veth0 和 vnic1_cpu 仍然在默认的 namespace 中。

（4）对 veth1、vnic1 设置了 IPv4 地址。

2. 编译方法

```
p4c-bm2-ss vnic.p4 -o vnic.json --p4runtime-files vnic.p4.p4info.txt
```

3. 在终端 1 上启动 BMv2 交换机

```
sudo simple_switch_grpc vnic.json --log-console -i 1@veth0 -i
255@vnic1_cpu
```

> **注意**：这里指定 vnic1_cpu 作为交换机的 255 号端口。在本实例中，假定 255 号端口是 BMv2 交换机的 CPU 端口。

simple_switch_grpc 程序作为服务要一直运行，直到测试结束。测试结束时可以按 Ctrl+C 组合键结束 simple_switch_grpc 程序的运行。

4. 在终端 2 上启动 simple_switch_CLI 并下发配置

```
# MyIngress.arp_tbl
```

```
table_add MyIngress.arp_tbl MyIngress.fwd_cpu_action 1.1.1.1 =>

# MyIngress.vnic_tbl
table_add MyIngress.vnic_tbl MyIngress.fwd_cpu_action 1.1.1.1 =>
```

第一条命令将目的 IPv4 地址是 1.1.1.1 的 arp 请求报文,转发到 CPU 端口。第二条命令将目的 IPv4 地址是 1.1.1.1 的报文,转发到 CPU 端口。

5. 在终端 3 上开启抓包程序

```
sudo tcpdump -i vnic1_cpu -nn   -p ip or -p arp
tcpdump: verbose output suppressed, use -v or -vv for full protocol
decode
listening on vnic1_cpu, link-type EN10MB (Ethernet), capture
size 262144 bytes
```

这里既抓了 arp 报文,也抓了 IPv4 报文。

6. 在终端 4 上发送测试报文

```
sudo ip netns exec ns0 ping 1.1.1.1 -I veth1 -c 5
```

注意,这里是在 namespace ns0 中发送 icmp 报文。

7. 在终端 3 上抓包验证

首先看一下 tcpdump 的抓包结果:

```
sudo tcpdump -i vnic1_cpu -nn   -p ip or -p arp
tcpdump: verbose output suppressed, use -v or -vv for full protocol
decode
listening on vnic1_cpu, link-type EN10MB (Ethernet), capture
size 262144 bytes
18:41:17.953754 ARP, Request who-has 1.1.1.1 tell 1.1.1.2, length 28
18:41:17.953775 ARP, Reply 1.1.1.1 is-at 6a:ff:28:40:05:55, length 28
18:41:17.956077 IP 1.1.1.2 > 1.1.1.1: ICMP echo request, id 2016, seq 1,
length 64
18:41:17.956105 IP 1.1.1.1 > 1.1.1.2: ICMP echo reply, id 2016, seq 1,
length 64
18:41:18.952028 IP 1.1.1.2 > 1.1.1.1: ICMP echo request, id 2016, seq 2,
length 64
18:41:18.952104 IP 1.1.1.1 > 1.1.1.2: ICMP echo reply, id 2016, seq 2,
length 64
18:41:19.960563 IP 1.1.1.2 > 1.1.1.1: ICMP echo request, id 2016, seq 3,
length 64
18:41:19.960587 IP 1.1.1.1 > 1.1.1.2: ICMP echo reply, id 2016, seq 3,
length 64
18:41:20.956204 IP 1.1.1.2 > 1.1.1.1: ICMP echo request, id 2016, seq 4,
length 64
18:41:20.956228 IP 1.1.1.1 > 1.1.1.2: ICMP echo reply, id 2016, seq 4,
length 64
```

```
18:41:21.963958 IP 1.1.1.2 > 1.1.1.1: ICMP echo request, id 2016, seq 5,
length 64
18:41:21.963979 IP 1.1.1.1 > 1.1.1.2: ICMP echo reply, id 2016, seq 5,
length 64
```

从 tcpdump 的抓包结果看，BMv2 首先通过 vnic1_cpu 向 vnic1 发送了一个 arp 请求报文，并收到了 vnic1 的 arp 响应报文。然后 BMv2 通过 vnic1_cpu 向 vnic1 发送了 5 个 icmp 请求报文，并收到了 vnic1 的 icmp 响应报文。

其次，看一下 ping 命令的输出：

```
sudo ip netns exec ns0 ping 1.1.1.1 -I veth1 -c 5
PING 1.1.1.1 (1.1.1.1) from 1.1.1.2 veth1: 56(84) bytes of data.
64 bytes from 1.1.1.1: icmp_seq=1 ttl=64 time=6.98 ms
64 bytes from 1.1.1.1: icmp_seq=2 ttl=64 time=2.08 ms
64 bytes from 1.1.1.1: icmp_seq=3 ttl=64 time=10.2 ms
64 bytes from 1.1.1.1: icmp_seq=4 ttl=64 time=3.08 ms
64 bytes from 1.1.1.1: icmp_seq=5 ttl=64 time=11.3 ms

--- 1.1.1.1 ping statistics ---
5 packets transmitted, 5 received, 0% packet loss, time 4005ms
rtt min/avg/max/mdev = 2.075/6.723/11.324/3.683 ms
```

从 ping 命令的输出看，BMv2 流水线将 vnic1 的 icmp 响应报文发送给了 veth1，交互正常。

5.12.5　vnic 实例小结

通过本节实例的学习，读者可以掌握将报文上送 CPU 的方法，并实现网关的 arp 和 icmp 代答功能。

拓展问题如下。

（1）如果将 simple_switch_grpc 程序停止，ping 命令还会得到正常响应吗？

（2）如何在数据面直接进行网关 IPv4 地址的 arp 报文和 icmp 报文代答？

5.13　P4Runtime 实例

P4 编程可以分为数据面和控制面两部分。数据面重点是设计报文处理的流水线，让报文能够按照设定的路径进行匹配 – 动作表处理，完成业务逻辑；控制面重点是配置匹配 – 动作表需要的表项。

控制面的功能，包括但不限于以下 5 方面。

（1）下发 P4 数据面二进制代码。

（2）配置匹配 – 动作表项。例如指定 key 和对应的 action 以及 action data。也包含配置 target 相关的 extern 对象。例如配置 register、mirror session 等。

（3）获取数据面的运行时信息。例如获取 counter 信息等。

（4）配置物理端口。包括配置端口的启动、停止状态，以及协商速率等。

（5）与其他组件交互，可能包括与其他控制器进行交互，例如获取配置信息，转换为需要下发数据面的匹配 – 动作表项等；或者与命令行工具交互，接收命令并对数据面的信息进行增删查改。

注意：数据面编程很重要，它是一个 P4 项目立项的前提和基础。但是在实际项目中，控制面的复杂性、代码量要远远大于数据面，需要足够重视。

P4 既然分为数据面和控制面，那么两者之间需要一个规范的标准接口。P4Runtime 就是 P4 数据面和控制面之间的标准接口。P4 控制面架构如图 5-20 所示。

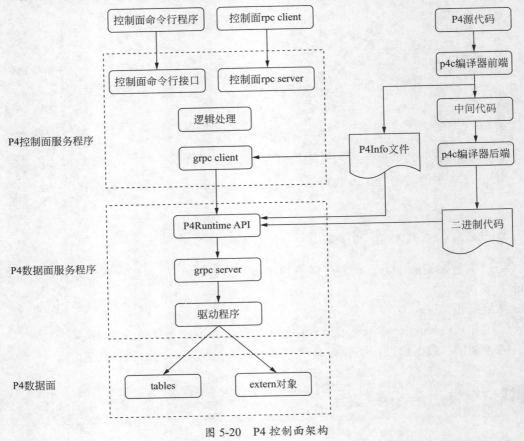

图 5-20　P4 控制面架构

P4Runtime 是基于 protobuf 和 grpc 定义和实现的，它的 API 经过很高程度的抽象和简化，只有 6 个接口，分别如下所示。

（1）SetForwardingPipelineConfig（SetForwardingPipelineConfigRequest）：下发 P4 数据面二进制代码，创建匹配 – 动作表结构，并且定义流水线的处理逻辑。

（2）GetForwardingPipelineConfig（GetForwardingPipelineConfigRequest）：获取 P4 数据面信息，包括匹配 – 动作表结构，以及流水线的逻辑。

（3）Write（WriteRequest）：配置匹配 – 动作表表项。

（4）Read（ReadRequest）：读取匹配 – 动作表表项。

（5）StreamChannel（stream StreamMessageRequest）：维护 grpc client 与 grpc server 之间的连接。

（6）Capabilities（CapabilitiesRequest）：获取数据面支持的功能的信息。

P4Runtime 由 P4Runtime Specification 定义，最新版本为 1.3.0。

只要不同的 target 都支持 P4Runtime API，那么相同的控制面代码便可以在多种不同的 target 之间复用。这既简化了控制面代码的开发和维护，也降低了程序员的学习成本。

> **注意**：之前的例子，主要是通过 simple_switch_CLI 给数据面下发配置的。因为它是 BMv2 自带的工具，使用简单方便。但是 simple_switch_CLI 不支持 P4Runtime 接口，它是基于 thrift 接口的，消息格式是 BMv2 项目自定义的。对于学习 P4 编程，使用 simple_switch_CLI 比较简单方便。但是如果是开发实际项目，在控制面选型时，建议使用 P4Runtime 接口。

本节将介绍如何通过 P4Runtime 给数据面下发配置。为了简化控制面程序的编写，本节实例引入了 p4runtime-shell python 模块。该模块既包含一个可以直接运行的命令行脚本，也可以作为库函数在其他 python 脚本中使用。

本节实例涵盖的重要知识点如下。

（1）如何使用 p4runtime-shell python 库。

（2）如何使用 P4Rtuntime 给数据面下发配置。

5.13.1 P4Runtime 实例的主要功能

为了介绍 P4Runtime 的使用方法，本节设计的实例主要实现了 MAC 地址学习的功能。下面先介绍一下以太网报文分类。

（1）广播报文：报文是发往某一个网络上的所有主机的。广播报文目的 MAC 地址是 0xFFFFFFFF。

（2）多播报文：报文是发往一组特定主机的。多播报文目的 MAC 地址的第一个字节的最低位为 1，即 0x01XXXXXXXXXX。其中 X 表示任意合法的十六进制数。广播报文可以看作多播报文的特例。

（3）单播报文：报文是发往特定目的主机的，而不是多播或者广播。单播报文目的 MAC 地址的第一个字节的最低位不能是 1。

> **注意**：本节实例处理的都是单播报文，并未包含多播报文和广播报文的处理，只是使用了"广播"的手段。

二层交换机的一个基本功能就是 MAC 地址学习。当一个端口收到一个报文时，交换机会学习到该报文的源 MAC 地址（假设为 smac1），并与接收报文的端口相关联。当交换机后面收到一个目的 MAC 地址是 smac1 地址的报文时，则直接将其从对应端口发送出去。

二层交换机基本的转发逻辑：

（1）如果目的 MAC 地址已经与某个端口相关联，直接将该报文通过该端口转发出去。

（2）如果没有找到与目的 MAC 地址相关联的端口，根据协议，需要将该报文通过复制的方式广播到交换机的所有端口（接收报文的入向端口除外，这里暂不考虑 vlan）。这种报文也被称为未知单播报文，表示出向端口是未知的。

本实例实现的具体功能如下。

（1）BMv2 交换机定义 4 个端口，端口 1、2、3，以及 CPU 端口 255。

（2）定义一个关于端口 1 的广播组，将端口 2、端口 3 加入该广播组。

（3）如果收到的报文的源 MAC 地址尚未与入向端口相关联，则构造包含源 MAC 地址和入向端口的报文，上送 CPU。

（4）控制面开启 scapy 抓包，抓到上送 CPU 的报文后，提取源 MAC 地址和入向端口信息。

（5）控制面通过 P4Runtime 接口将源 MAC 地址和入向端口下发到 smac 表和 dmac 表。

5.13.2　P4Runtime 实例的代码清单

代码目录在 14-p4runtime 中。

本实例包含两个 P4 文件：header.p4 和 cpu.p4。其中 header.p4 增加了 CPU 报文头部的定义：

```
header cpu_h {
    mac_addr_t src_mac_addr;
    bit<16> ingress_port;
}
```

上送 CPU 报文也是个以太网报文，格式可以自定义。cpu_h 中包含源 MAC 地址以及接收报文的端口号信息。完整的上送 CPU 的报文格式如表 5-6 所示。

表 5-6　上送 CPU 报文格式表

报文头部	协议字段	字节长度	说　明
ethernet_h	dst_addr	6	
	src_addr	6	
	ether_type	2	为了与正常报文区别，定义为 0x8787
cpu_h	src_mac_addr	6	源 MAC 地址
	ingress_port	2	报文入向端口号

以下仅列出 cpu.p4 中的关键代码：

```
#define PKT_INSTANCE_TYPE_NORMAL 0
#define PKT_INSTANCE_TYPE_INGRESS_CLONE 1

const bit<16> L2_LEARNING_ETHER_TYPE = 0x8787;
const bit<32> CPU_HEADER_LENGHT = 22; // ethernet_h(14) + cpu_h(8)

const bit<8> METADATA_RESUBMIT_INDEX = 0;
struct metadata {
    @field_list(METADATA_RESUBMIT_INDEX)
    bit<9> ingress_port;
}
```

```
control MyIngress(inout header_t hdr,
                  inout metadata meta,
                  inout standard_metadata_t standard_metadata)
{
    action drop() {
        mark_to_drop(standard_metadata);
    }

    action mac_learn()
    {
        meta.ingress_port = standard_metadata.ingress_port;
        clone_preserving_field_list(CloneType.I2E, 100, METADATA_
RESUBMIT_INDEX);
    }
    table smac_tbl {
        key = {
            hdr.ethernet.src_addr: exact;
        }

        actions = {
            mac_learn;
            NoAction;
        }
        size = 1024;
        default_action = mac_learn;
    }

    action forward(bit<9> egress_port)
    {
        standard_metadata.egress_spec = egress_port;
    }

    table dmac_tbl {
        key = {
            hdr.ethernet.dst_addr: exact;
        }

        actions = {
            forward;
            NoAction;
        }
        size = 1024;
        default_action = NoAction;
    }

    action set_multicaset_group(bit<16> multicast_group)
    {
        standard_metadata.mcast_grp = multicast_group;
    }

    table broadcast_tbl {
```

```
        key = {
            standard_metadata.ingress_port: exact;
    }

        actions = {
            set_multicaset_group;
            NoAction;
        }
        size = 1024;
        default_action = NoAction;
    }

    apply {
        smac_tbl.apply();
        if (dmac_tbl.apply().hit){
            //
        } else {
            broadcast_tbl.apply();
        }
    }
}

control MyEgress(inout header_t hdr,
                 inout metadata meta,
                 inout standard_metadata_t standard_metadata)
{

    apply {
        if (standard_metadata.instance_type == PKT_INSTANCE_TYPE_
INGRESS_CLONE){
            hdr.cpu.setValid();
            hdr.cpu.src_mac_addr = hdr.ethernet.src_addr;
            hdr.cpu.ingress_port = (bit<16>)meta.ingress_port;
            hdr.ethernet.ether_type = L2_LEARNING_ETHER_TYPE;
            truncate((bit<32>)22); //ether+cpu header
        }
    }
}
```

5.13.3   P4Runtime 实例代码的详细解释

本节将按照代码的逻辑，对涉及的 P4 语言编程重要知识点进行详细解释。

1. cpu_h 的定义

```
header cpu_h {
    mac_addr_t src_mac_addr;
    bit<16> ingress_port;
}
```

当数据面将一个报文上送 CPU 时，可以自己定义报文的格式。本节实例在以太网头（ethernet_h）之上增加了一个自定义的报文头 cpu_h，用于携带源 MAC 地址和入向端口的信息。

2. smac_tbl 的实现

smac_tbl 主要用于 MAC 地址学习。当一个端口接收到报文后，如果源 MAC 地址与该端口尚未关联，则将该报文复制一份，原始报文继续过流水线，新复制的报文上送 CPU 进行 MAC 地址学习。复制报文是通过 5.11 节介绍的 clone 技术实现的；如果源 MAC 地址已经与接收端口相关联了，则不需要进行 MAC 地址学习了，原始报文继续过流水线。

```
action mac_learn()
{
    meta.ingress_port = standard_metadata.ingress_port;
    clone_preserving_field_list(CloneType.I2E, 100, METADATA_RESUBMIT_
INDEX);
}

table smac_tbl {
    key = {
        hdr.ethernet.src_addr: exact;
    }

    actions = {
        mac_learn;
        NoAction;
    }
    size = 1024;
    default_action = mac_learn;
}
```

这里的 mac_learn() 主要是将入向端口记录下来，同时复制一个报文。mirror session ID 是 100，控制面会设置将命中 mirror session ID 100 的报文上送 CPU。

3. dmac_tbl 的实现

```
action forward(bit<9> egress_port)
{
    standard_metadata.egress_spec = egress_port;
}

table dmac_tbl {
    key = {
        hdr.ethernet.dst_addr: exact;
    }

    actions = {
        forward;
        NoAction;
```

```
    }
    size = 1024;
    default_action = NoAction;
}
```

dmac_tbl 的作用是查找报文的目的 MAC 地址并转发。如果能够匹配某个表项，则将
报文从特定端口转发出去，否则执行后边的广播逻辑。

4. broadcast_tbl 的实现

```
action set_multicaset_group(bit<16> multicast_group)
{
    standard_metadata.mcast_grp = multicast_group;
}

table broadcast_tbl {
    key = {
        standard_metadata.ingress_port: exact;
    }

    actions = {
        set_multicaset_group;
        NoAction;
    }
    size = 1024;
    default_action = NoAction;
}
```

broadcast_tbl 的作用是实现广播功能，关键是设置报文的多播组（standard_metadata.
mcast_grp）。控制面会将某些端口加入一个多播组。当命中该多播组时，报文会自动复制，
并通过多播组的每个端口向外发送一份报文。

注意：在 BMv2 中，广播的功能是通过多播实现的，所以这里配置的是多播组。

5. ingress 流水线的逻辑

```
control MyIngress(inout header_t hdr,
            inout metadata meta,
            inout standard_metadata_t standard_metadata)

{
apply {
        smac_tbl.apply();
        if (dmac_tbl.apply().hit){
            //
        } else {
            broadcast_tbl.apply();
        }
    }
}
```

在 ingress 流水线中，先进行源 MAC 地址匹配，然后进行目的 MAC 地址匹配。如果命中，则从特定端口转发报文；如果不命中，则广播该报文。

6. egress 流水线的逻辑

```
control MyEgress(inout header_t hdr,
                 inout metadata meta,
                 inout standard_metadata_t standard_metadata)
{
    apply {
        if (standard_metadata.instance_type == PKT_INSTANCE_TYPE_
INGRESS_CLONE){
            hdr.cpu.setValid();
            hdr.cpu.src_mac_addr = hdr.ethernet.src_addr;
            hdr.cpu.ingress_port = (bit<16>)meta.ingress_port;
            hdr.ethernet.ether_type = L2_LEARNING_ETHER_TYPE;
            truncate((bit<32>)22); //ether+cpu header
        }
    }
}
```

在 egress 流水线中主要进行上送 CPU 的报文的处理。

上送 CPU 的报文的类型是 PKT_INSTANCE_TYPE_INGRESS_CLONE，表示它是一个在 ingress 流水线中复制的报文。接下来设置 cpu_h 的 src_mac_addr、ingress_port 字段，并将 ether_type 改为 0x8787，让控制面知道这是一个 MAC 地址学习的报文。

注意：这里要调用 hdr.cpu.setValid()，这样 **MyDeparser** 中才会将 cpu_h 附加在以太网报文头部之后发送出去。

5.13.4　P4Runtime 控制面代码

本节实例与其他实例不同，包含了一个控制面的 python 代码文件 p4runtime_client.py。这个脚本的逻辑简单概括就是，捕捉上送 CPU 的报文，然后处理，反复循环，直到程序被终止。

```
#! /usr/bin/python3
import sys
from scapy.all import Ether, sniff, Packet, BitField, raw
import p4runtime_sh.shell as sh

class CpuHeader(Packet):
    name = 'CpuPacket'
    fields_desc = [BitField('macAddr',0,48), BitField('ingress_port', 0, 16)]

# 当接收到一个报文时，会调用 packet_callback() 函数
def packet_callback(packet):
    packet = Ether(raw(packet))
```

```python
    if packet.type == 0x8787:
        cpu_header = CpuHeader(bytes(packet.load))
        te = sh.TableEntry('smac_tbl')(action='NoAction')
        te.match['ethernet.src_addr'] = str(cpu_header.macAddr)
        te.insert()
        print("Insert an entry into smac_tbl, ethernet.src_addr:
0x%012x"
                % (cpu_header.macAddr))
            te = sh.TableEntry('dmac_tbl')(action='forward')
            te.match['ethernet.dst_addr'] = str(cpu_header.macAddr)
            te.action['egress_port'] = str(cpu_header.ingress_port)
            te.insert()
            print("Insert an entry into smac_tbl, ethernet.dst_addr:
0x%012x, egress_port: %s"
                % (cpu_header.macAddr, cpu_header.ingress_port))

# 与 P4Runtime grpc 服务器连接
sh.setup(
    device_id=0,
    grpc_addr='localhost:9559',
    election_id=(0, 1), # (high, low)
    config=sh.FwdPipeConfig('cpu.p4.p4info.txt', 'cpu.json')
)
print("Hello, P4Runtime grpc server connected !")

cse = sh.CloneSessionEntry(100)
cse.add(255, 100)
cse.insert()

mcge = sh.MulticastGroupEntry(1)
mcge.add(2, 1)
mcge.add(3, 1)
mcge.insert()

te = sh.TableEntry('broadcast_tbl')(action='set_multicaset_group')
te.match['standard_metadata.ingress_port'] = "1"
te.action['multicast_group'] = "1"
te.insert()

capture_device = "veth7"

print(f"Starting packet sniffer on device {capture_device}...")
print("Start mac learning!")
sniff(iface=capture_device, prn=packet_callback, count=1000)

sh.teardown()
```

本节将按照代码的逻辑，对涉及的 P4 语言编程的重要知识点进行详细解释。

1. 定义 CpuHeader 类

CpuHeader 类包含两个成员，一个是 48 位的 macAddr，表示源地址，另一个是 16 位的 ingress_port，表示报文的入向端口号。

2. 启动 scapy 抓包并定义回调函数

```
sniff(iface=capture_device, prn=packet_callback, count=1000)
```

这条语句表示开启 scapy 抓包。如果抓到一个报文，则调用回调函数 packet_callback() 进行处理。

3. 插入 smac_tbl、dmac_tbl 表项

在 packet_callback() 函数中，首先解析出源 MAC 地址和入向端口号。然后向 smac_tbl、dmac_tbl 下发对应的表项。

4. 连接 P4Runtime server

```
# 与 P4Runtime grpc 服务器连接
sh.setup(
    device_id=0,
    grpc_addr='localhost:9559',
    election_id=(0, 1), # (high, low)
    config=sh.FwdPipeConfig('cpu.p4.p4info.txt', 'cpu.json')
)
```

p4runtime_client.py 运行后，是作为 P4Runtime grpc client。它首先通过 9559 端口与 P4Runtime grpc server 连接，然后根据 cpu.p4.p4info.txt 和 cpu.json，通过 P4Runtime 的 SetForwardingPipelineConfig 接口下发 P4 数据面二进制代码，创建匹配 – 动作表结构，并且定义流水线的逻辑。

注意：因为 p4runtime_client.py 脚本主动下发了 P4 数据面二进制代码，所以 BMv2 交换机启动时可以不下发 P4 数据面二进制代码。

5. 创建 mirror session ID 100

创建 mirror session ID 100，并将 255 号端口（即 CPU 端口）加入该 mirror session 中，代码如下：

```
cse = sh.CloneSessionEntry(100)
cse.add(255, 100)
cse.insert()
```

6. 创建 multicast group 1

创建 multicast group 1，并将端口 2、3 加入该 multicast group 中，代码如下：

```
mcge = sh.MulticastGroupEntry(1)
mcge.add(2, 1)
mcge.add(3, 1)
mcge.insert()
```

注意： 这里使用多播组实现了广播报文的功能。

7. 插入 broadcast_tbl 表项

在 broadcast_tbl 中插入表项的代码如下：

```
te = sh.TableEntry('broadcast_tbl')(action='set_multicast_group')
te.match['standard_metadata.ingress_port'] = "1"
te.action['multicast_group'] = "1"
te.insert()
```

插入 broadcast_tbl 表项，key 是 1，表示 1 号端口。action 是 set_multicast_group，action data 是 1，表示 multicast group 1。因为前边第 6 步将端口 2、3 加入了 multicast group 1，这样就可以达到将端口 1 接收的未知单播报文广播到端口 2 和端口 3 的目的。

5.13.5 P4Runtime 实例的运行

运行本节实例，需要以下 4 个终端，它们的作用如下。

（1）在终端 1 上，启动 BMv2 交换机。

（2）在终端 2 上，启动 P4Runtime client。

（3）在终端 3 上，启动 tcpdump 抓包验证。

（4）在终端 4 上，发送测试报文。

1. 网络拓扑

本节实例使用的网络拓扑，如图 5-21 所示。

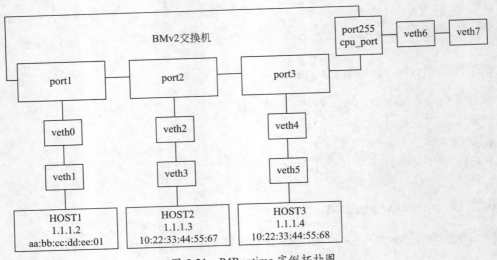

图 5-21 P4Runtime 实例拓扑图

相关配置命令如下：

```
sudo ip link add veth0 type veth peer name veth1
sudo ip link add veth2 type veth peer name veth3
sudo ip link add veth4 type veth peer name veth5
sudo ip link add veth6 type veth peer name veth7
sudo ip link set veth0 up
sudo ip link set veth1 up
sudo ip link set veth2 up
sudo ip link set veth3 up
sudo ip link set veth4 up
sudo ip link set veth5 up
sudo ip link set veth6 up
sudo ip link set veth7 up
```

2. 编译方法

```
p4c-bm2-ss cpu.p4 -o cpu.json --p4runtime-files cpu.p4.p4info.txt
```

3. 在终端 1 上启动 BMv2 交换机

```
sudo simple_switch_grpc --no-p4 --log-console -i 1@veth0 -i 2@veth2
-i 3@veth4 -i 255@veth6
```

这里分别指定 veth0、veth2、veth4 作为 BMv2 交换机的 1 号、2 号和 3 号端口。

注意：这里这是使用了 "--no-p4" 参数，表示不配置 P4 数据面，等待 P4Runtime client 通过 SetForwardingPipelineConfig 接口配置 P4 的数据面。

simple_switch_grpc 程序作为服务要一直运行，直到测试结束。测试结束时可以按 Ctrl+C 组合键结束 simple_switch_grpc 程序的运行。

4. 在终端 2 上启动 P4Runtime client

```
sudo python3 ./p4runtime_client.py
```

它会打印以下信息，表示连接 P4Runtime server 成功。

```
sudo ./p4runtime_client.py
Hello, P4Runtime grpc server connected !
field_id: 1
exact {
    value: "\001"
}

param_id: 1
value: "\001"

Starting packet sniffer on device veth7...
Start mac learning!
```

> **注意：**在 p4runtime_client.py 中实现了表项下发的功能，所以不需要启动 simple_switch_CLI 下发配置了。

5. 在终端 3 上开启抓包程序

```
sudo tcpdump -i veth5 -nn -vvv
```

6. 在终端 4 上发送测试报文

第一次发送测试报文

```
sudo ./send_packet_udp_port1_to_port2.py
```

第二次发送测试报文

```
sudo ./send_packet_udp_port2_to_port1.py
```

7. 在终端 3 上抓包验证

当在终端 4 上第一次发送测试报文时，因为 smac_tbl、dmac_tbl 都没有设置，所以报文会广播到所有端口，因此端口 3（veth5）会收到一个 UDP 报文：

```
sudo tcpdump -i veth5 -nn -vvv
tcpdump: listening on veth5, link-type EN10MB (Ethernet), capture
size 262144 bytes
16:23:34.170737 IP (tos 0x0, ttl 64, id 65535, offset 0, flags [none],
proto UDP (17), length 86)
    1.1.1.2.8080 > 1.1.1.3.80: [udp sum ok] UDP, length 58
```

此时观察 P4Runtime client 的终端，会有以下输出：

```
field_id: 1
exact {
    value: "\252\273\314\335\356\001"
}

Insert an entry into smac_tbl, ethernet.src_addr: 0xaabbccddee01
field_id: 1
exact {
    value: "\252\273\314\335\356\001"
}

param_id: 1
value: "\001"

Insert an entry into smac_tbl, ethernet.dst_addr: 0xaabbccddee01,
egress_port: 1
field_id: 1
exact {
    value: "\020\"3DUg"
```

```
}

Insert an entry into smac_tbl, ethernet.src_addr: 0x102233445567
field_id: 1
exact {
    value: "\020\"3DUg"
}

param_id: 1
value: "\002"

Insert an entry into smac_tbl, ethernet.dst_addr: 0x102233445567,
egress_port: 2
```

从输出看，p4runtime_client.py 脚本收到了上送 CPU 的报文，并向 smac_tbl、dmac_tbl 分别下发一个表项。

当在终端 4 上第二次发送测试报文时，目的 MAC 地址是 aa:bb:cc:dd:ee:01，这个 MAC 地址已经学到了，并下发到数据面的 smac_tbl、dmac_tbl 表项中了，因此报文将会通过端口 1 单播转发出去，不会广播到所有端口，因此端口 3（veth5）不会收到报文。

5.13.6　P4Runtime 实例小结

通过本节实例的学习，读者可以掌握 P4Runtime 的概念和使用方法，并学会实现 MAC 地址学习功能。

拓展问题如下。

（1）对于端口 1，本节实例已经创建了广播组；那么对于端口 2、端口 3，如何设置他们对应的广播组呢？

（2）本实例是通过动态学习源 MAC 地址的方式实现二层交换机的基本转发功能。当然，MAC 地址与端口的对应关系也可以预先配置。如何修改 p4runtime_client.py 脚本，预先插入 smac_tbl、dmac_tbl 表项，实现二层单播转发的功能呢？

（3）p4runtime_client.py 脚本只展示了插入表项，如何删除表项？如何查询表项？

第 6 章　P4 项目实战

学习 P4 语言、掌握可编程芯片的基础知识，只是一个起点，最终的落脚点是使用 P4 语言和可编程芯片开发实际的项目。

一个完整的项目的生命周期，大概包括调研、立项、概要设计、详细设计、开发、测试、灰度上线、正式上线、运维等多个阶段，并且根据复杂度可能需要分为多个周期不断进行迭代。项目的干系人可能包括产品、研发、测试、运维、采购等各个团队。P4 语言的学习和使用只是项目推进过程中的一个部分。

本章介绍一些使用 P4 开展的项目，这些项目源于业界公开的资料，为了描述方便，本书对这些项目做了抽象和简化。希望读者通过本章的学习，既能学习如何开展一个 P4 项目，也能了解项目的整个生命周期，以便在工作中顺利推动项目落地。

6.1　P4 项目立项与软硬件平台选型

掌握了 P4 语言之后，很多读者认为像手握倚天剑一样，迫不及待地想在实际项目中施展一番。正像一句谚语中说的那样，"手里拿着锤子，看什么都像钉子"，想当然地认为 P4 可以在网络开发的大部分项目中应用，并取得很好的效果。可编程芯片的优点是带宽大、成本低、可编程性强，但是它能否在实际的网络项目中发挥作用，还有很多因素需要考虑。

6.1.1　P4 项目立项需要考虑的问题

在新的 P4 项目立项前，需要经过严格的论证过程。下面列出的 5 方面的问题，供读者参考。

（1）该项目对应业务的发展前景。

伊查克·爱迪思提出了企业生命周期理论，大意是说每个企业都会经历初创、成长、成熟、衰退 4 个阶段。企业如此，企业中具体业务的发展情况也是如此。在项目立项前，需要评估相应业务的发展前景。

（2）可行性分析。

新的 P4 项目要处理的业务逻辑是什么？这些业务逻辑是否都可以在可编程芯片上实现，还是只能实现一部分？业务的表项规模是什么级别？变更的频繁程度如何？这是一个全新的项目，还是当前已经有基于 x86 或者其他平台实现的同样功能的项目？上线后两者的关系如何？以上诸多问题都需要考虑清楚，然后得出可行性结论。

（3）能否形成规模性优势？

使用 P4 和可编程芯片编程，一个重要的优势是单台设备带宽大，可以达到 3.2Tb/s 或者 6.4Tb/s，并且转发性能很稳定。而一般的基于 x86 的网络设备，单台设备带宽只能达到 50Gb/s 或者 200Gb/s，并且受到流量模型、网卡种类、CPU 性能等诸多因素的影响，转发性能非常不稳定，所以在项目立项前，需要评估可能承载的带宽，包括存量带宽和每年的增量带宽的情况。

（4）可编程交换机的生态。

可编程交换机从哪里采购？是否与原始设计制造商（Original Design Manufacturer，ODM）和原始设备制造商（Original Equipment Manufacturer，OEM）建立了良好的合作关系？是否与可编程芯片提供商建立了良好的合作关系？商务支持和技术支持渠道是否已经建立？

（5）团队的技术能力。

团队成员的技术背景、学习能力也是一个需要关注的方面。同时测试、运维等相关团队是否有交换机相关的知识和经验，也是一个值得关注的问题。

如果上述 5 方面的问题都调研清楚，然后决定立项去做一个新的 P4 项目之后，接下来就要进入硬软件平台选型阶段。

6.1.2　P4 硬件平台选型

进行 P4 硬件平台选型时，主要关注产品特性、市场占有率、可靠性、售后支持等几方面。

P4 硬件平台选型需要根据项目的特点进行。以 Intel Tofino 平台为例，目前它包括 Tofino 和 Tofino 2 两代产品。其中 Tofino 支持 3.2Tb/s、6.4Tb/s 带宽，Tofino 2 支持 6.4Tb/s、12.8Tb/s 带宽，并且存储资源比 Tofino 更多，当然价格也稍贵。在进行硬件选型时，需要综合考虑带宽、成本、流水线级数、存储资源等方面，并尽量选取 2 ～ 3 家供应商，以规避供应链风险，提升议价能力。

6.1.3　P4 软件平台选型

P4 软件平台，主要包括操作系统和开发套件两部分。

可编程交换机上常用的操作系统是 SONiC（Software for Open Networking in the Cloud）和 ONL（Open Network Linux）。SONiC 通过定义交换机抽象接口（Switch Abstraction Interface，SAI），支持相同的软件能够运行在不同厂商的交换机平台上。ONL 是为白盒交换机设计的开源 Linux 操作系统，包含很多交换机相关的硬件驱动程序。另外说明一下，SONiC 所使用的基础操作系统也是 ONL。

如果新的 P4 项目比较复杂，需要支持多个厂商的交换芯片，或者要实现很多交换机相关的功能，此时可以选用相对更复杂一些的 SONiC 平台。如果新的 P4 项目比较简单，不需要支持多个厂商的交换芯片，功能也比较单一，可以选用相对更简单的 ONL 平台。

需要注意的是，ODM 或者 OEM 厂商也可能会提供自定义的 SONiC 平台或者 ONL 平台。需要评估究竟是直接选用厂商提供的平台，还是自己维护软件平台，然后添加厂商提供的特殊组件。

6.2 基于 P4 和可编程芯片的虚拟路由器

云计算为租户提供三种基本资源：计算资源、存储资源和网络资源。租户可以按需使用、按量付费。这既可以大幅降低 IT 基础设施的运维成本，又可以极大地提升弹性能力和容灾能力。

云计算厂商为每个租户提供了虚拟私有云网络（Virtual Private Cloud，VPC），解决多租户的网络隔离性问题。从虚拟网络的实现来看，多个租户是共享底层的网络资源的。但是从租户的视角看，每个租户的 VPC 与其他租户的 VPC 是完全隔离的，一般来说，一个 VPC 内的虚拟机不能向其他 VPC 网络发送报文，也不能从其他 VPC 网络接收报文。VPC 一般通过隧道封装技术实现，本章以 VXLAN 举例。报文实际转发的网络，一般被称为 underlay 网络；其上承载的 VPC 网络，一般被称为 overlay 网络。

一个租户的所有的虚拟机，即使有很大的规模，例如几百万台，从抽象的角度看，都可以被看作直接连接到一台超大的虚拟网络设备下面。这台虚拟网络设备，提供了虚拟网络所有的功能，这里选取重要的功能列举如下。

（1）VPC 网络隔离。

虚机之间互相访问时，报文是 VXLAN 报文，分为两层，内层是虚机到虚机的以太网报文，外层是物理机到物理机之间的采用 UDP 封装的 VXLAN 报文。云计算厂商为每个租户分配一个唯一的 ID，放在 VXLAN 报文头部。各个网络设备在转发 VXLAN 报文时，只允许 VXLAN ID 相同的虚拟机之间相互转发，从而达到 VPC 网络隔离的目的，保证了租户的网络安全。

> **注意**：本章中使用 VXLAN ID 唯一标识一个 VPC。为了简化描述，本章假设只支持 IPv4 地址。MAC 地址如无必要，不予列出。

（2）同 VPC 内虚机之间报文转发。

当通信的两个虚拟机在同一个 VPC 的同一个子网中时，可以根据二层 MAC 地址完成转发；当通信的两个虚拟机在同一个 VPC 的不同子网中时，可以根据三层 IPv4 或者 IPv6 地址完成转发。

（3）访问控制 ACL。

租户可以将 ACL 规则下发到这台超大的虚拟网络设备上，全局生效。租户之间的所有网络流量，都需要先进行 ACL 规则匹配，符合要求后才能进行转发，否则丢弃。

这台超大的虚拟网络设备，只是从逻辑视角看到的，实际上需要很多不同功能的网络设备分工协作，其中既包括物理网络中的交换机和路由器，也包括虚拟网络中的虚拟交换机、虚拟路由器。

虚拟交换机的主要作用是：对虚机的出向报文，外层打上唯一的 VXLAN ID，然后封装成 VXLAN 报文，在物理网络中进行转发；对虚机的入向报文，根据 VXLAN ID 和目的 MAC 地址，解封装 VXLAN 报文，然后转发给虚机。

虚拟路由器实现了同 VPC 虚机之间的网络互通，具体来说，它可以处理三种类型的流量，如图 6-1 所示。

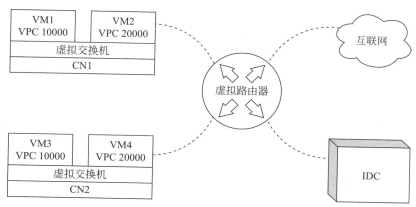

图 6-1　虚拟路由器是 VPC 网络的核心组件

（1）东西向流量：虚机与虚机之间的流量。

（2）南北向流量：虚机与公网之间的流量。

（3）专线流量：虚机与 IDC 物理机之间的流量。

虚拟路由器处理三种流量的过程将在 6.2.1 节详述。

本节中使用了云计算中一些常见概念和缩写，列举如下。

（1）VM：Virtual Machine，虚拟机。

（2）CN：Compute Node，计算节点。

（3）fixed IP：虚机使用的 IP 地址。

（4）eip：elastic IP，云计算厂商提供的公网可访问的 IP。

（5）VTEP：VXLAN Tunnel Endpoint，负责 VXLAN 报文封装与解封装的设备。

（6）CIDR：Classless Inter-Domain Routing，无类别域间路由。

（7）IDC：Internet Data Center，互联网数据中心。

6.2.1　虚拟路由器的功能

虚拟路由器功能比较复杂，一般由 x86 服务器实现，它的基本功能是在虚机之间进行 VXLAN 报文转发。随着业务的发展和技术的演进，它的功能也逐渐丰富，承载的流量也逐渐增大。本书限于篇幅，只对虚拟路由器能够处理的三种基本流量进行分析。

（1）东西向流量处理过程。

东西向流量是同 VPC 内部虚机与虚机之间的流量，经过虚拟路由器的报文都是 VXLAN 报文，如图 6-2 所示。

假设 VPC 10000 的虚机 VM1 要向 VM3 发送报文。

① 报文从 VM1 中出来时，经过虚机交换机 1 的处理，封装成一个 VXLAN 报文，发给虚拟路由器。其中，VXLAN 报文外层目的 IP 地址是虚拟路由器在物理网络中的地址 10.12.12.12，VXLAN ID 是 10000。

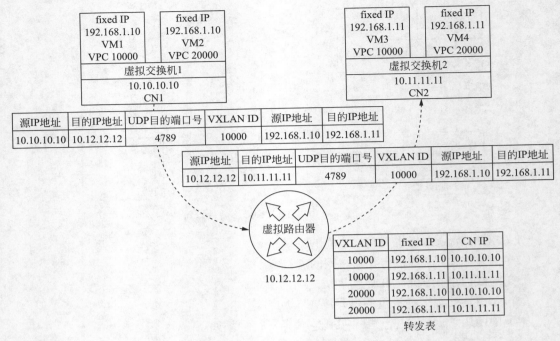

图 6-2　东西向流量处理过程示意图

② 报文经过物理网络到达虚拟路由器之后，虚拟路由器根据转发表的配置信息，查到 VM2 所在的物理机是 CN2，即 10.11.11.11。于是虚拟路由器将外层报文的目的 IP 地址修改为 10.11.11.11，源 IP 地址修改为 10.12.12.12，然后通过物理网络发送到 CN2。

③ 报文到达 CN2 之后，经过虚拟交换机 2 的处理，解封装 VXLAN 报文，根据 VXLAN ID 和内层目的 IP 地址的信息，将内层报文转发给 VM3。

对于 VPC 10000 的 VM3 发往 VM1 的报文，处理逻辑是类似的，这里不再赘述。

东西向流量非常大，如果都需要经过虚拟路由器的处理，会给虚拟路由器带来非常大的压力。Chengkun Wei 等在 2023 年发表论文 *Achelous: Enabling Programmability, Elasticity, and Reliability in Hyperscale Cloud Networks*，提出了 Active Learning Mechanism 机制，即 "主动学习机制"，即连接的首包仍然由虚拟路由器处理，同时虚拟路由器将转发规则下发到虚机对应的虚拟交换机上，连接的后续报文可以由虚拟交换机直接转发。该方案是分布式路由（Distributed Virtual Router，DVR）的一种实现方式，可以极大地减轻虚拟路由器的流量压力。

（2）南北向流量处理过程。

eip 的流量一般被称为南北向流量。这里将主机 1.1.1.1 发送给 VPC 10000 的虚机 VM1 的流量被称为入向流量，反之被称为出向流量。南北向流量的报文转发过程如图 6-3 和图 6-4 所示。

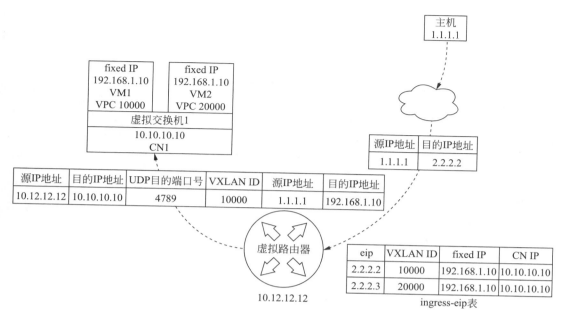

图 6-3　南北向流量之入向报文处理过程示意图

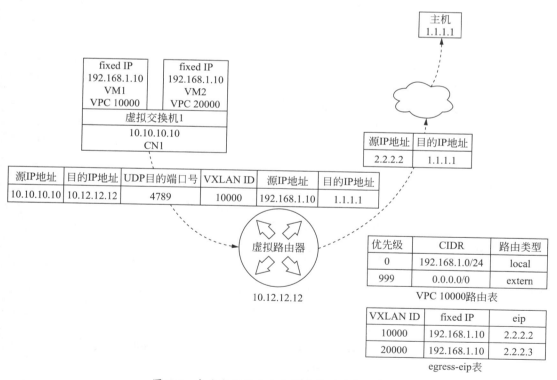

图 6-4　南北向流量之出向报文处理过程示意图

对于入向报文，要经过一次 VXLAN 封装，具体过程如下。

① 虚拟路由器通过物理网络发布 2.2.2.2 的路由。主机 1.1.1.1 发送给 eip 2.2.2.2 的报文，经过物理网络转发给虚拟路由器。

② 虚拟路由器接收目的 IP 地址是 eip 2.2.2.2 的报文后，查询 ingress-eip 表，获取 VXLAN ID（10000）、虚机 IP 地址（192.168.1.10）以及 CN IP 地址（10.10.10.10），将目的 IP 地址从 2.2.2.2 修改为 192.168.1.10，然后封装 VXLAN 报文，转发给 CN1。VXLAN 报文外层的目的 IP 地址为 10.10.10.10，源 IP 地址为虚拟路由器本身的地址 10.12.12.12。

③ CN1 上的虚拟交换机 1 收到 VXALN 报文后解封装，然后将内层报文转发给 VM1。

对于出向报文，要经过一次解 VXLAN 封装，具体过程如下。

① 虚拟交换机 1 将出向报文，转发给虚拟路由器。

② 报文到达虚拟路由器之后，解封装 VXLAN 报文。

③ 根据 VXLAN ID 10000 以及目的 IP 地址 1.1.1.1 查找路由表，命中优先级最低的默认路由，路由类型为外部（extern），表示是去往公网的流量。

④ 虚拟路由器根据 VXLAN ID 10000 以及 fixed IP 192.168.1.10 查找 egress-eip 表，查到 eip 为 2.2.2.2。

⑤ 虚拟路由器将报文的源 IP 地址从 192.168.1.10 修改为 2.2.2.2，然后通过物理网络发送给主机 1.1.1.1。

（3）专线流量处理过程。

传统的网络业务一般部署在 IDC 机房中，没有虚拟网络，报文类型是 underlay 报文。当业务逐渐向公有云上迁移之后，就会有打通 IDC 的机器与云上虚机的需求。这种需求一般通过运营商铺设单独的一根光纤实现，所以一般被称为专线。专线的带宽一般比较大。

如果要通过专线将 IDC 的网络与云上虚机的 VPC 网络打通，在地址规划上，需要保证两者的 IP 地址在不同的网段中，并且需要一个边界路由器做 underlay 报文到 overlay 报文的转换工作。

专线流量的处理过程，如图 6-5 和图 6-6 所示。

对于入向报文，要经过一次 VXLAN 封装，具体过程如下。

① 边界路由器通过特定物理端口（这里假设为 1 号端口）发布 192.168.1.0/24 的路由，将主机 172.168.1.10 发往 192.168.1.10 的流量牵引过来。

② 边界路由器根据报文入向端口号 1 和目的 IP 地址 192.168.1.10，查找入向隧道表，查到 VXLAN ID（10000）、VTEP IP（10.12.12.12）。

③ 边界路由器将原始报文封装在 VXLAN 报文内部，外层报文的目的 IP 地址为 VTEP IP 10.12.12.12，源 IP 地址为 10.13.13.13，并将 VXLAN ID 设置为 10000。

④ 报文经过物理网络到达虚拟路由器后，根据 VXLAN ID 10000 以及内层目的 IP 地址 192.168.1.10，查到 CN IP 10.10.10.10。

⑤ 虚拟路由器将 VXLAN 报文的外层目的 IP 地址修改为 10.10.10.10，外层源 IP 地址修改为 10.12.12.12，发送到 CN1。

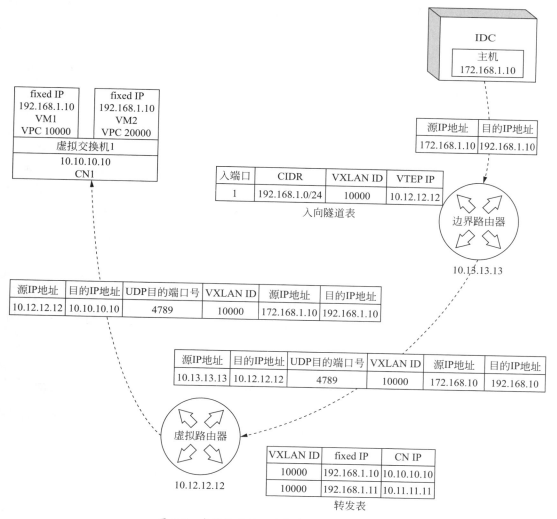

图 6-5　专线流量之入向报文处理过程示意图

⑥ 报文到达 CN1 之后，经过虚拟交换机 1 的处理，解封装 VXLAN 报文，将内层报文转发给 VM1。

对于出向报文，要经过一次解 VXLAN 封装，具体过程如下。

① 出向报文到达虚拟路由器，根据 VXLAN ID 10000 以及目的 IP 地址 172.168.1.10 查找路由表，查到路由类型为 idc，表示这是专线的出向流量，并且查到下一跳 VTEP IP 是 10.13.13.13。

② 虚拟路由器将 VXLAN 报文的外层目的 IP 地址修改为 10.13.13.13，源 IP 地址修改为 10.12.12.12，转发给边界路由器。

③ 报文到达边界路由器后，根据 VXLAN ID 10000 以及目的 IP 地址 172.168.1.10 查找出向隧道表，查到出向端口为 1。

④ 边界路由器解封装 VXLAN 报文，然后通过端口 1 发送出去，经过物理网络到达 IDC 的主机 172.168.1.10。

简单总结一下，虚拟路由器是 VPC 网络的核心组件，虚拟路由器通过转发表、路由表和 eip 表，实现了东西向流量、南北向流量和专线流量的处理。

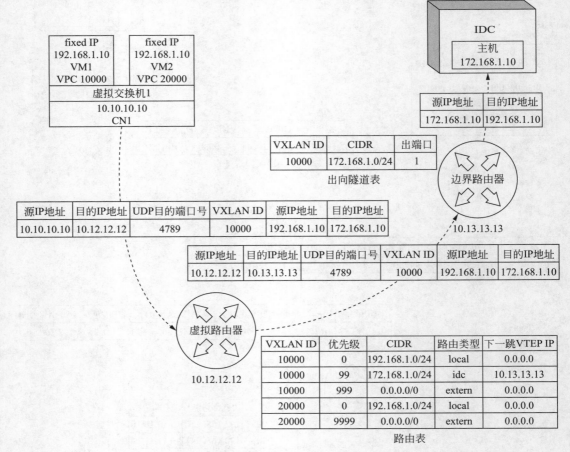

图 6-6　专线流量之出向报文处理过程示意图

6.2.2　虚拟路由器适合用 P4 和可编程芯片实现吗

在 P4 和可编程芯片出现之前，虚拟网关设备一般都使用 x86 服务器实现，编程平台一般是 DPDK。熟悉了虚拟路由器的业务逻辑和功能之后，请读者思考一个问题：虚拟路由器适合用 P4 和可编程芯片实现吗？对于这个问题，可以从两方面分析。

（1）业务规模和发展前景。

随着云计算的发展，对于不同的客户，云计算的形态也会发生变化。对于大客户，从商业安全、成本支出等多种因素考虑，多云和混合云将会是一种长期存在的状态。

所谓多云，是指客户将业务部署在不同云计算厂商提供的资源上，既能实现故障容灾，提升可靠性，又能最大化降低成本，提升盈利能力。对客户来说，多云之间的网络，需要能够互通，这样才能实现计算资源和存储资源的全局调度。

所谓混合云，是指客户本身经过长时间的发展，已经自建了一个或者多个 IDC 机房。

出于成本或者商业安全的因素考虑，不会将自建 IDC 机房全部退租，然后将业务全部迁移到公有云上，而是会继续使用已经建好的 IDC 机房，然后按需购买部分公有云资源。对于这样的客户，公有云和 IDC 之间的网络也必须能够互通。

不论是多云还是混合云，从流量模型来看，都是专线流量。

假设一台能承载 200Gb/s 流量的 x86 服务器成本为 8 万元，以部署 100Tb/s 的专线流量为例，暂不考虑冗余，需要部署 500 台 x86 服务器，总成本为 4000 万元。

假设一台能承载 3.2Tb/s 流量的可编程交换机成本也为 8 万元，同样部署 100Tb/s 的专线流量，只需要 32 台，总成本为 256 万元。与使用 500 台 x86 服务器对比，成本节省93.6%。并且部署机器数量从 500 台降低到 32 台，节省的运维成本也非常可观。

从业务规模和发展前景看，专线流量的存量已经很大，并且增量也很可观。如果可以用 P4 和可编程芯片处理专线流量，云计算厂商可以大幅降低基于 x86 平台的虚拟路由器的数量，降本增效，提升网络产品的盈利能力。

（2）技术可行性。

对于技术可行性，这里从以下三个角度分析。

① 计算复杂度。虚拟路由器是一个比较复杂的项目，包含多种流量模型和功能。除了 6.2.1 节介绍了东西向流量、南北向流量和专线流量的处理之外，它还可能包括限速、镜像、统计、安全组等多种功能。如果要实现所有流量模型和所有功能，可编程芯片是很难做到的。这里可以调整一下思路，只将流量最大、处理逻辑相对简单的专线流量使用可编程芯片实现，其余的东西向流量和南北向流量，仍然由 x86 服务器承载，这样可编程芯片加 x86 服务器组成一个异构的报文处理平台，既能大幅度降低总成本，又能维持丰富的功能，确保整个系统的稳定性。

② 表项规模。可编程芯片主要的缺点是存储资源非常有限，通常只有 100MB 的量级，但是在公有云上，租户的虚机规模越来越大，单个租户可以达到 100 万甚至更高。以图 6-2为例，IPv4 的转发表一个表项占用 10B，100 万个表项就需要 10MB 的存储资源。这样只能满足 10 个大规模客户的需求。如果要考虑 IPv6 的转发表，那么占用的存储资源就会更多。解决表项规模问题，一般有三种思路。第一种思路是纵向扩展（scale up），即采用表项压缩、流水线折叠等技术提升单台可编程交换机的表项规模；第二种思路是水平扩展（scale out），即在集群部署时，某组可编程交换机只承载某个或者某几个租户的流量；第三种思路是异构融合，如果 IPv6 流量如果不大，可以由 x86 服务器继续承载，这样 IPv6 的转发表项就不需要消耗宝贵的可编程芯片的存储资源。

③ 稳定性。基于 x86 服务器的报文处理设备，发展历史比较长，稳定性得到了时间的验证。相对而言，可编程芯片发展的历史并不长，稳定性能否经受住考验，也是一个值得关注的问题。在设计部署方案时，既要保证足够的冗余度，也要设计完备的止损预案，并安排足够长的灰度过程，让新的网络设备逐渐承载复杂的流量模型，经受各种规模的流量的冲击。

总之，从计算复杂度、表项规模和稳定性这三方面考虑，使用 P4 和可编程芯片实现部分虚拟路由器的功能、承载占比比较大的专线流量是可行的。

6.2.3 基于 P4 和可编程芯片的虚拟路由器的需求定义

每个项目在开始前，都要进行需求定义，确定该项目要达到什么目标，实现哪些功能，达到什么样的性能，与外部其他模块的接口，如何运维，等等。本项目是在可编程交换机上实现部分虚拟路由器的功能，该项目以下简称 P4VR 项目，P4VR 即 P4 Virtual Router 的缩写。简化版的需求定义如下。

（1）单台可编程交换机支持 32 个 100Gb/s 端口，支持 3.2Tb/s 吞吐量，每个 100G 端口支持 50Mpps 的转发速率。

（2）可编程交换机与上联交换机建立 BGP 邻居，发布 BGP 路由，用于牵引专线的流量。

（3）能够处理出向、入向的专线流量。

（4）支持 IPv4 协议，不支持 IPv6 协议。

（5）下发转发表和路由表的配置频率支持 1000 条 / 秒。

（6）转发表的规格设计为 100 万条。

（7）路由表的规格设计为 1 万条。

（8）支持 underlay 网关 IPv4 地址的 arp、icmp 报文上送 CPU，支持报文镜像到 CPU，支持上送 CPU 报文的限速，限速值可以动态设置。

（9）支持端口流量统计（bps 和 pps）。

> 注意：这里只列出了完整的项目需求的一小部分。

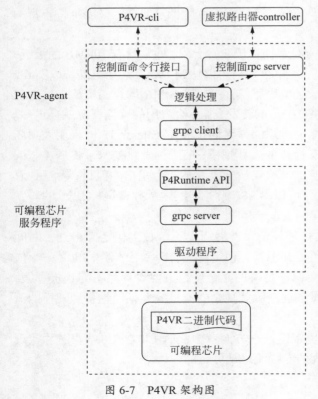

图 6-7　P4VR 架构图

6.2.4 基于 P4 和可编程芯片的虚拟路由器的概要设计

这里从架构、表项和流水线三方面，简要展开基于 P4 和可编程芯片的虚拟路由器项目的设计工作。

1. 架构设计

P4VR 项目由以下 5 个模块构成，如图 6-7 所示。

（1）可编程芯片模块。

P4VR 的数据面 P4 源代码，经过编译后生成二进制代码，然后下发到可编程芯片中，定义实现虚拟路由器功能的流水线。

（2）可编程芯片服务程序模块。

一般由厂商提供，主要的作用是管理可编程芯片，并对外提供 P4Runtime API 接口，用于定义可编程流水线以及下发表项配置。

（3）P4VR-agent 模块。

P4VR-agent 是一个服务程序，起承上启下的作用。对上提供命令行接口和 rpc 接口，对下通过 P4Runtime API 与可编程芯片服务程序进行交互。

（4）P4VR-cli 模块。

P4VR-cli 是一个命令行程序，通过它可以增删查改配置，并且可以维护可编程芯片交换机的物理端口和对应的虚拟端口。

（5）虚拟路由器 controller 模块。

这个组件在原来的基于 X86 的虚拟路由器项目中就存在，它负责下发转发表和路由表的配置，可能需要针对 P4VR 项目进行部分适配工作。

2. 表项设计

表项设计是 P4 项目设计的关键环节，主要考虑匹配方式和表项规模两个因素。

转发表需要精确匹配，并且需要的表项很多，所以设计为精确匹配表，使用 SRAM 资源，如表 6-1 所示。

表 6-1　P4VR 转发表

项目	key		action	action data
字段	VXLAN ID（exact）	fixed IP（exact）	VXLAN encap	CN IP
长度	16bit	32bit	VXLAN encap	32bit
表项 1	10000	192.168.1.10	VXLAN encap	10.10.10.10
表项 2	10000	192.168.1.11	VXLAN encap	10.10.10.11

P4VR 转发表的 key 是 VXLAN ID 和 fixed IP，action 是封装 VXLAN 报文，VXLAN 报文的外层 IP 目的地址设置为 CN IP，源 IP 地址设置为虚拟路由器本身的 IP。

虚拟路由器对转发表的规模要求非常大。如果存储资源不足，可以考虑使用流水线折叠技术（pipeline folded），以牺牲吞吐量为代价，换取更多存储资源。

假设一个 3.2Tb/s 的交换机有两个 pipeline 和 32 个 100Gb/s 端口，每条流水线负责转发 16 个 100Gb/s 端口的流量。进行了流水线折叠之后，两条流水线折叠成一条流水线，存储资源增加了一倍，但是其中 16 个 100Gb/s 端口（17 号至 32 号端口）将不能再收发报文。流水线折叠如图 6-8 所示。

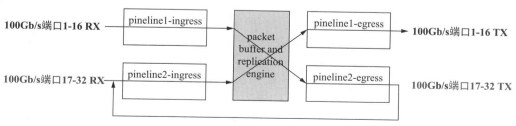

图 6-8　流水线折叠示意图

路由表因为要进行路由查找，所以设计为最长前缀匹配表，使用 TCAM 资源，如表 6-2

所示。

表 6-2　P4VR 路由表

项目	key		action data		其他
字段	VXLAN ID（exact）	IP 地址（lpm）	路由类型	下一跳 VTEP IP	优先级
长度	16bit	32bit	2bit	32bit	
表项 1	10000	192.168.1.0/24	local	0.0.0.0	0
表项 2	10000	172.168.1.0/24	idc	10.13.13.13	99
表项 3	10000	0.0.0.0/0	extern	0.0.0.0	999

P4VR 路由表的 key 是 VXLAN ID 和 VXLAN 报文内层的目的 IP 地址，action 是重新封装 VXLAN 报文，VXLAN 报文的外层 IP 目的地址设置为下一跳 VTEP IP（即边界路由器的 IP），源 IP 地址设置为虚拟路由器本身的 IP。

3. 流水线设计

流水线设计的主要工作是设计报文的处理过程，确定哪些类型的报文在哪个阶段由哪些模块处理。

（1）parser 设计。

parser 的主要作用是提取需要匹配的 key。parser 在设计时，要将可编程交换机能够收到的所有类型的报文都考虑到。

对于专线入向报文，它是一个 VXLAN 报文，parser 需要提取 VXLAN ID 和内层报文的目的 IP 地址。

对于专线出向报文，它也是一个 VXLAN 报文，parser 也需要提取 VXLAN ID 和内层报文的目的 IP 地址。

从这里可以看出，非常巧合，不论对专线的入向报文还是出向报文，提取的 key 都是一样的。

> **注意**：虚拟路由器本身的 IP 地址（如 10.12.12.12）相关的 arp、icmp、tcp、udp 等报文，也需要设计对应的 parser 的逻辑，将报文上送 CPU 进行处理，参考 5.12 节和 5.13 节，这里就不展开介绍了。

（2）pipeline 设计。

各种类型报文的处理逻辑，都要在 pipeline 设计中涵盖。

对于专线出向、入向报文，采用统一的处理流程，即先根据 VXLAN ID 和内层报文的目的 IP 地址，查找路由表。

如果查到路由类型是 local，表示这是一个专线入向报文，然后根据 VXLAN ID 和 fixed IP 继续查找转发表，然后重新封装 VXLAN 报文并发送到指定的 CN。

如果查到路由类型是 idc，表示这是一个专线出向报文，从路由表中直接获取下一跳 VTEP IP，然后重新封装 VXLAN 报文并发送到边界路由器。

pipeline 中报文的处理过程如图 6-9 所示。

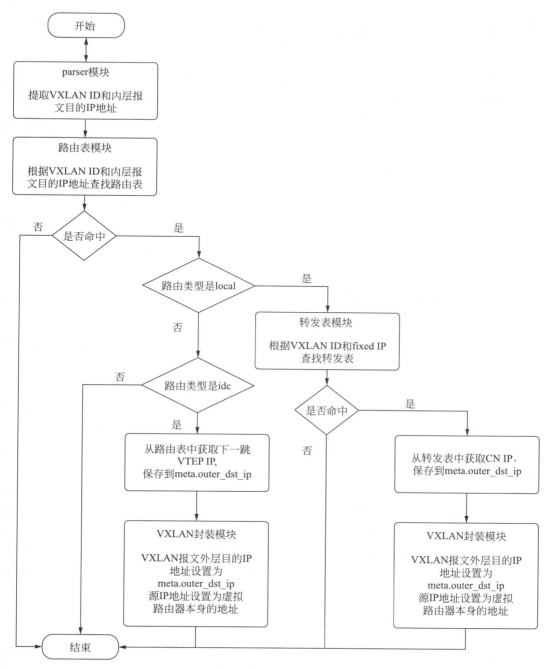

图 6-9 报文处理流程图

篇幅所限，本节只介绍了基于可编程芯片的虚拟路由器的部分设计，还有很多重要的功能，如端口统计、报文镜像、报文上送 CPU 等，可以参考第 5 章中的实例独立完成。

对于控制面的设计和实现，也是 P4VR 项目的重要组成部分。但是从大的方面说，控制面的 P4VR-agent 和 P4VR-cli，除了要使用 P4 提供的控制面接口之外，与其他项目的控制面并没有很大不同，故这里也不展开介绍了。

6.3 基于 P4 和可编程芯片的分流器

随着互联网的发展，各种基于网络的服务已经渗透到社会生活的各个方面，例如金融、交通、医疗等关系国计民生的重要领域。设想一下，谁也不想因为网络服务不稳定，转不了账，打不到车，挂不上号。衡量服务的一个关键指标是可用性。可用性是指服务正常运行的时间占总时间的百分比，例如 99.999%（5 个 9），表示服务每年不可用的时间不超过 5 分 15 秒。

云计算为了提升可用性，做了很多工作。首先，在大的地域空间方面，为业务提供了多区域（Region）、多可用区（Available Zone, AZ）的部署模式。业务可以根据需求，选择将服务部署在哪些区域和哪些可用区，避免某个机房故障或者某条运营商线路故障导致服务中断。其次，在一个可用区内部，通过网关集群化部署、大客户专属集群等方式，不断提升业务的可用性。P4 和可编程芯片在这方面可以发挥很大的作用。

6.3.1 网关设备的部署模式

用户的服务，依赖很多由云计算厂商提供的基础服务。如弹性 IP 服务（Elastic IP，EIP）、负载均衡服务（Software Load Balancer，SLB）、地址转换服务（Network Address Translation，NAT）等。这些服务一般被称为网关服务。网关的英文是 Gateway，但是这里的意思已经超越了网络互连、协议转换的原始含义了。

1. 无状态网关和有状态网关

一般使用五元组，表示一个连接或者一条流。五元组，即目的 IP 地址、源 IP 地址、四层协议号、目的端口号、源端口号。

根据是否与连接状态有关进行分类，网关可以分为无状态网关和有状态网关。无状态网关，是指当前报文的处理逻辑是独立的，与同一条连接的前序报文的状态无关；有状态网关，是指当前报文的处理逻辑与同一条连接的前序报文的状态有关。

无状态网关的典型例子是 EIP。EIP 是公网可以访问的 IP。租户可以通过购买 EIP 服务，将部署在云上的服务暴露在公网，供普通用户访问。6.2.1 节详细描述了 EIP 流量的处理逻辑，因为在 ingress-eip 表和 egress-eip 表中，EIP 与虚机的 fixed IP 是 1∶1 映射的，所以 EIP 网关是一个无状态的网关，只需要做 1∶1 映射就好了。

有状态网关的典型例子是 SLB。

现在很多服务的访问量很大，而单台虚机上一个服务实例的处理能力是有限的，因此需要将一个服务部署在成千上万台虚机上，组成一个服务集群。每台虚机都有自己的 IP 地址，当组成一个服务集群时，对外暴露一个虚拟 IP 地址（Virtual IP，VIP），供客户端访问。当客户端发送一个访问服务的请求时，该请求先到达 SLB，由 SLB 根据负载均衡算法选择合适的后端服务器处理该请求。SLB 一般会保持连接一致性，即同一条连接的报文，经过 SLB 处理后，要转发到同一台后端服务器处理。

在 SLB 领域，发起请求的一方一般被称为客户端（Client），处理请求的服务所在的虚机一般被称为真实服务器（Real Server，RS）。VIP 的路由或者是通过 SLB 对外发布，或者配置到客户端所在虚机的虚拟交换机上。

根据 SLB 是工作在开放式系统互联（Open System Interconnect，OSI）七层网络模型的不同层次，SLB 一般分为 4 层 SLB 和 7 层 SLB。本节主要介绍 4 层 SLB。

SLB 处理报文时，对于 TCP 报文，一般会根据 syn 报文，选定一个 RS，然后创建一个 session，用于维护该连接的状态。session 记录了这条连接的五元组信息，以及选定的后端 RS 的信息。当 SLB 收到一个报文后，如果是 TCP 的非 syn 报文，会提取五元组，尝试查找是否已经创建了该连接对应的 session，进而决定是否转发该报文。也就是说，SLB 处理报文的逻辑，跟同一个连接的前序报文的状态有关系，所以它是一个有状态网关。SLB 的报文处理过程如图 6-10 所示。

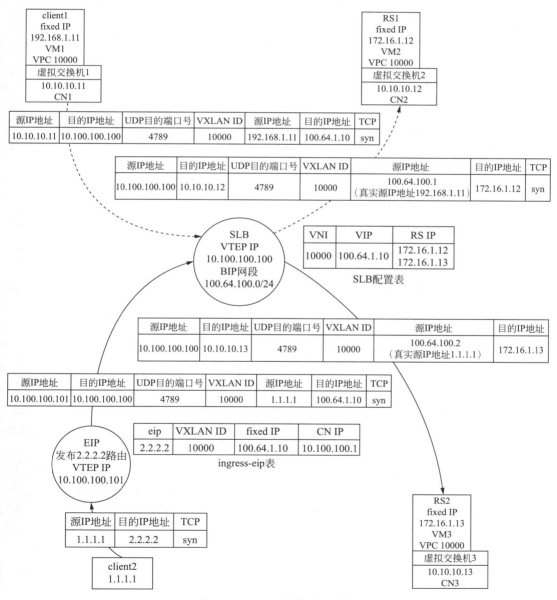

图 6-10   SLB 的报文处理过程

2. 网关集群化部署模式

租户的业务一般会使用多个网关服务，并且重度依赖这些服务。作为云计算提供商，提升网关服务的稳定性，对提升租户的服务的可用性，起着基础性作用。

为了提升网关的稳定性，网关一般会采用两种部署模式：主备部署模式和集群化部署模式。

所谓主备部署模式，顾名思义，是指常态下由主服务器提供服务，当主服务器故障时，切换到备服务器继续提供服务。主备部署模式扩展性有限，本书不做过多介绍。

所谓集群化部署模式，是指由多台服务器组成一个服务集群，集群的数量可以很大，例如可以有成百上千台。

为了理解集群化部署模式，先介绍三个概念。

第一个概念是虚拟隧道端点（VXLAN Tunnel Endpoint，VTEP），它负责 VXLAN 报文的封装与解封装。

第二个概念是等价多路径路由。通常报文在路由时，如果有多条路径可以到达接收方，路由器一般会选择代价（cost）最小的路径转发到接收方。而等价多路径（Equal Cost Multi-Path，ECMP）路由是指到达同一个目的 IP 或者目的网段存在多条代价相等的不同路径。这样路由器在转发时，根据特定算法，如五元组哈希，选择其中一条路径将报文转发到接收方。ECMP 路由一方面能够增加带宽，另一方面能够在链路故障时进行容灾，因此在数据中心内部广泛使用。

第三个概念是任播（anycast）。

根据接收者的数量分类，数据包有 4 种传输方式。

（1）单播（unicast）：报文发送给一个接收者。

（2）多播（multicast）：报文发送给多播组中每一个接收者。

（3）广播（broadcast）：报文发送给广播域中的所有接收者。通常一个子网组成一个广播域。

（4）任播（anycast）：报文发送给一组接收者中的任意一个。

网关集群化部署使用了 anycast 技术。同一个集群中多个网关设备，通过发布同一个 IP 地址（例如 10.100.100.100）的等价路由，将特定流量牵引到网关设备上进行处理。这些路由，因为代价是相同的，因此在接入交换机、汇聚交换机以及核心交换机上，逐级形成 ECMP 路由。报文在转发时，根据特定算法，如五元组哈希，选择一条路径到达接收方。

因为网关具备封装、解封装 VXLAN 报文的能力，因此 IP 地址 10.100.100.100 也被称为 VTEP IP。

从一条连接的角度看，发送者到接收者的路径是唯一的，这样可以保证同一条连接的报文始终由同一个有状态的网关处理。从多条连接的角度看，因为五元组哈希相对比较均匀，发送者到接收者之间存在多条等价的路径，流量也比较均衡。

因为网关设备、接入交换机、汇聚交换机、核心交换机以及它们之间的链路，都有可能出现故障，所以网关设备采用集群化部署模式，通过 ECMP 和 anycast，提升可用性，如图 6-11 所示。

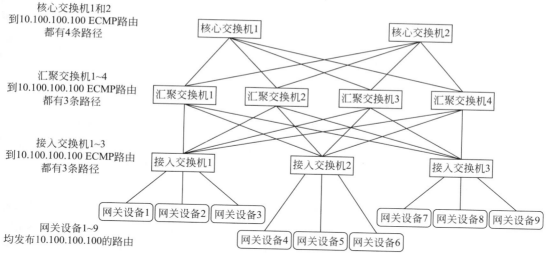

AZ1

核心交换机1和2
到10.100.100.100 ECMP路由
都有4条路径

核心交换机1　　　　　核心交换机2

汇聚交换机1~4
到10.100.100.100 ECMP路由
都有3条路径

汇聚交换机1　　汇聚交换机2　　汇聚交换机3　　汇聚交换机4

接入交换机1~3
到10.100.100.100 ECMP路由
都有3条路径

接入交换机1　　　　接入交换机2　　　　接入交换机3

网关设备1　网关设备2　网关设备3　　　　　　网关设备7　网关设备8　网关设备9

网关设备1~9
均发布10.100.100.100的路由

网关设备4　网关设备5　网关设备6

图 6-11　网关集群部署拓扑图

网关设备、交换设备或者它们之间的链路都有可能发生故障，如图 6-12 所示。

AZ1

核心交换机1和2
到10.100.100.100 ECMP路由
都有4条路径

核心交换机1　　　　　核心交换机2 ①

②

汇聚交换机1~4
到10.100.100.100 ECMP路由
都有3条路径

汇聚交换机1　　汇聚交换机2　　汇聚交换机3　　汇聚交换机4 ③

④

接入交换机1~3
到10.100.100.100 ECMP路由
都有3条路径

接入交换机1　　　接入交换机2 ⑤　　　接入交换机3

⑥

网关设备1　网关设备2　网关设备3　　　　　　网关设备7　网关设备8　网关设备9

网关设备1~9
均发布10.100.100.100的路由

⑦ 网关设备4　网关设备5　网关设备6

图 6-12　网关集群故障示意图

在图 6-12 中，使用①到⑦列举了 7 种可能出现的故障情况，当然实际情况可能更复杂，可能是多种故障同时发生。在这 7 种故障发生时，网关集群都可以通过其他冗余设备和冗余链路，继续对外提供服务。如果在极端情况下，例如核心交换机 1 和核心交换机 2 同时出现了故障，可以通过另一个可用区的网关集群进行备份，确保网关服务的高可用性。

网关通过集群化部署，以及各层级的网络设备的冗余，保证了它的稳定性，提升了业务的可用性。

6.3.2　网关集群化部署模式的缺点和问题

网关集群化部署模式，利用了比较成熟的 ECMP 路由特性，稳定性比较好，可扩展性也比较强，因此在 IDC 内部大规模部署。但是在实际研发和运维过程中，网关集群部署模式也暴露了一些缺点。本节主要讨论两个问题。

1. 多租户之间相互影响

多个租户在本质上是共享一个网关集群的。虽然多个租户在 overlay 上可以通过 VPC 进行隔离，但是在物理路径和网关设备上，多个租户都是共享的。在实际的研发和运维过程中，在很多场景中都会遇到多个租户互相影响的问题。这里简单描述以下两个场景。

第一个场景是关于网关故障影响范围的。当一台网关发生故障时，不论是光纤、光模块、内存等发生硬件故障，还是网关程序本身挂掉了，它的影响范围是当前可用区的所有租户。这个影响范围非常大。

第二个场景是关于网关特性研发和上线的。网关研发工程师经常收到某些客户的新需求，然后根据这些新需求开发新版本，然后上线。当前大部分网关设备还是无法做到流量无损升级的，由于网关集群是所有客户共享的，为某个客户上线一个新功能，会影响其他根本不需要该特性的客户的流量，而这对其他客户来说是非常不公平的。因此，网关一个新特性的上线会受到很大的阻力，进而影响网关特性的迭代速度。

2. 在网关故障时 ECMP 路由引起的容量问题

假设一个网关集群由 3 台接入交换机和 9 台网关设备组成，每台网关设备的额定容量是 100Gb/s，整个网关集群额定容量是 900Gb/s。如果网关设备 1 出现了故障，整个网关集群的额定容量变成了多少？网关设备 1 出现故障时的拓扑如图 6-13 所示。

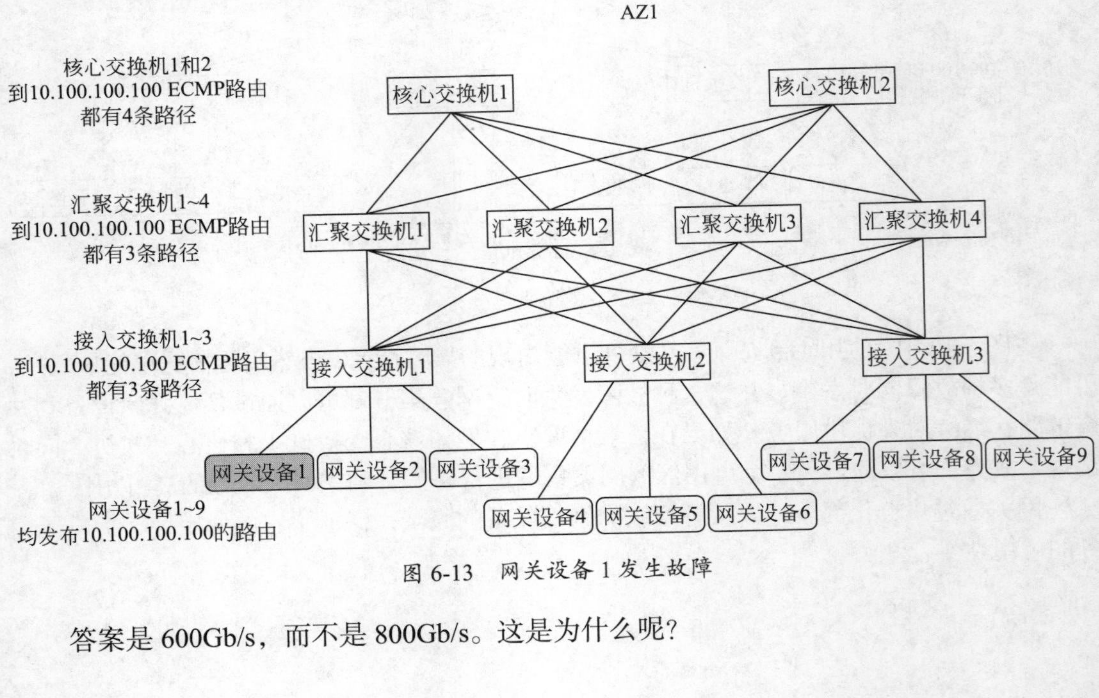

图 6-13　网关设备 1 发生故障

答案是 600Gb/s，而不是 800Gb/s。这是为什么呢？

从 ECMP 路由的角度看，当网关设备 1 发生故障时，接入交换机 1 只剩下通往网关设备 2 和网关设备 3 的两条路由。但是汇聚交换机 1~4 并不能感知到网关设备 1 发生了故障，因此每台汇聚交换机仍然维持 3 条通往接入交换机的路由。因此，流量在核心交换机、汇聚交换机以及接入交换机这三层都是均衡的。

因为网关设备 2 和 3 加在一起只能处理 200Gb/s 的流量，因此如果接入交换机 1 收到超过 200Gb/s 的流量，那就是有损的。因此整个网关集群的容量从 900Gb/s 降至 600Gb/s（200Gb/s×3）。一台 100Gb/s 网关设备的故障，竟然导致整个网关集群的容量降低 300Gb/s，幅度高达 33%。

其实还有很多有趣的场景，如果有 2 台网关设备发生了故障，那么整个网关集群的容量会是多少？如果是 3 台呢？如果同一个接入交换机下有 2 台网关设备同时故障时，又应该怎么处理呢？提示一下，需要先考虑出现故障的网关设备是不是在同一台接入交换机下，再进行整个网关集群的容量的计算，这里不再详细叙述了。

6.3.3　分流器设计

针对 6.3.2 节提到的问题，可以有不同的解决方案。这里提供一种使用 P4 和可编程芯片的解决思路，在网关前边增加一个新的设备——网络流量分流器（Network Traffic Diverter，NTD），供读者参考。

1. NTD+ 网关分集群解决多租户相互影响的问题

为了解决多个租户互相影响的问题，直观的解决方案是为每个租户建立一个专属的网关集群，这样隔离性最好，但是从成本的角度看，这是不可行的。

另一种思路是建立多种规格的网关集群，供不同的租户根据需求使用，甚至可以为大客户建立独占的专属集群。增加的成本可以通过差异化的定价进行弥补。

多个不同规格的网关集群需要使用不同的 VTEP IP 进行区分，但是为了对其他组件屏蔽多个网关集群的细节，可以通过 NTD 对外发布统一的路由，多个不同规格的网关集群分别发布各自的路由牵引流量，如图 6-14 所示。

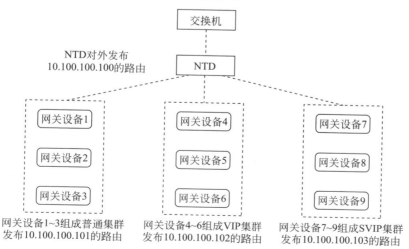

图 6-14　NTD 逻辑拓扑图

因为 VXLAN ID 是每个租户的唯一标识，NTD 可以通过 VXLAN ID 将不同租户的流量转发到特定规格的集群，并且为了节省表项，可以使用 5.4 节介绍的 range 匹配方式。

NTD 转发表的表项设计如表 6-3 所示。

表 6-3　NTD 转发表的表项设计

项目	key	action	action data
字段	VXLAN ID（range）	fwd	VTEP IP
长度	16bit	fwd	32bit
表项 1	10000~19999	fwd	10.100.100.101
表项 2	20000~29999	fwd	10.100.100.102
表项 3	30000~39999	fwd	10.100.100.103

VLXN ID 是 [10000,19999] 的报文，NTD 会转发到普通集群（VTEP IP 10.100.100.101），其余的以此类推。

NTD 设备也可能发生故障，所以也要进行集群化部署。一种可行的部署方式是将 NTD 设备接到核心交换机下面，如图 6-15 所示。

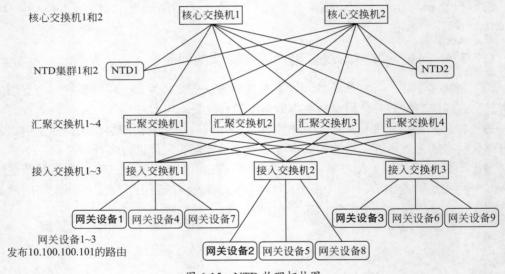

图 6-15　NTD 物理拓扑图

流量从核心交换机转发到 NTD 设备进行处理，处理完成后再转发回核心交换机，按照原来物理网络的路径转发到对应的网关设备上。借助 NTD 设备实现网关分集群的方式，在网关集群的故障、扩容、缩容等方面，与之前的方式保持一致。

> **注意**：网关设备 1~3 组成普通集群，为了增加冗余度，需要分别部署到不同的接入交换机下面。

2. NTD 解决在网关故障时 ECMP 路由引起的容量问题

ECMP 路由普适性强，能够处理大部分故障场景，因此在数据中心广泛使用。并且

ECMP 路由对于网关集群的扩容、缩容适应性也比较好。但是有两个缺点：在部署上，要求每个接入交换机下的网关数量相同；在故障时，网关集群的容量会急剧降低。

为了解决这个问题，可以将 NTD 抽象成一个交换机，网关集群下的所有网关设备都在逻辑上直接接到 NTD 下边，组成一个扁平的二层网络。每个网关设备发布自己独立的路由，牵引流量，如图 6-16 所示。

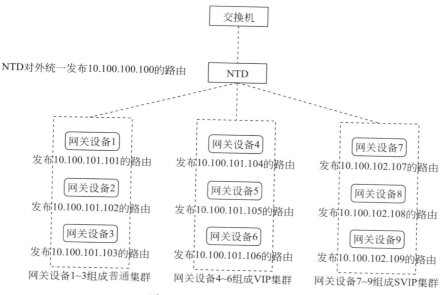

图 6-16　NTD 逻辑拓扑图

这个方案依赖下面三个条件。

（1）需要设计一种网关健康检查的机制。

只有通过健康检查，确认一个网关是健康的、正常工作的，NTD 才能将流量转发过去，否则不能向该网关转发流量。健康检查的方案比较多，可以根据不同的网关特点进行设计，这里不再详细讨论。

（2）需要能处理某个或者某些网关设备发生故障的场景。

对无状态网关来说，这比较简单，只需要将本应转发给故障网关的流量平均分给其他网关即可。但是对于有状态网关就比较复杂了，既需要保持连接一致性，又需要尽量保证流量的均衡性。这个问题在后续方案设计时会重点考虑。

（3）需要能支持网关集群进行方便地扩容和缩容。

网关集群的规模，会随着业务的发展发生变化，支持方便地扩容和缩容是基本的要求。

使用 NTD 解决 ECMP 路由引起的容量问题的方案概要设计如下。

（1）架构设计。

与 6.2.4 节中的架构不同的地方，一个是这里单独增加了一个"网关设备健康检查模块"，用于对每一台网关设备进行定期的健康检查。另一个是这里将"逻辑处理"模块稍微展开了一点，强调它要能够处理设备故障、设备扩容、设备缩容等典型场景，如图 6-17 所示。

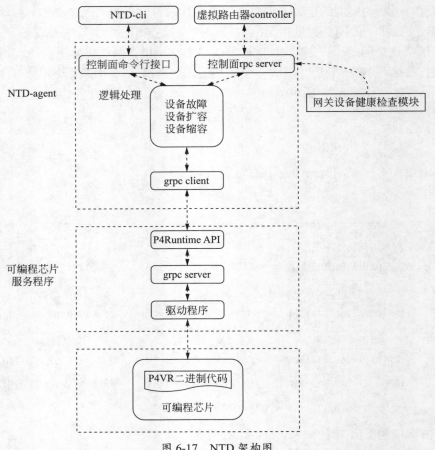

图 6-17　NTD 架构图

（2）表项设计。

在表项设计时，有两个问题需要考虑。

第一个问题，是每个不同的租户（VXLAN ID）的流量，不再是简单地转发给一个固定的 anycast VTEP IP，而是一组 VTEP IP 中的某一个。使用 5.6 节介绍的 action selector 机制可以解决该问题，即对于每个不同的 VXLAN ID，设置一个转发组（action profile group），然后将多个不同的 VTEP IP 加入该组。

第二个问题，在设备故障、扩容、缩容时，控制面需要跟数据面联动，下发新的转发规则。

对于设备故障场景，在"网关设备健康检查模块"监测到设备故障时，通过控制面接口下发新的配置，将故障网关的流量均匀地重新分发给其他健康的网关。为了保持有状态网关的连接尽量不中断，这种场景对转发表项的修改越少越好。

对于网关集群扩容场景，需要在 action profile group 中预留空间。假设经过评估，对于同一类型的网关，最多支持 16 个不同服务等级的网关集群，单个集群网关设备数量的上限为 1024。在图 6-16 中，虽然 action profile member 只需设置 9 个表项就可以满足当前的需求，但是为了给将来的集群扩容做准备，在设计表项时，需要将每个 action profile member 的数量设置为 16384，即 16×1024。

每个不同服务等级的网关集群最大支持 1024 个网关设备，但是实际的网关设备的数量会少很多，如图 6-16 中每种规格的网关集群只有 3 台，这里参考论文 *Stateless Datacenter Load-balancing with Beamer* 中提到的 stable hashing 算法，将 1024 个表项映射到 3 台实际的网关设备上，10.100.100.101、10.100.100.102、10.100.100.103 这三台设备依次会占据 342 个、341 个、341 个表项。

NTD 转发表的表项设计如表 6-4 所示。

表 6-4　NTD 转发表的表项设计

项目	key	action group index
字段	VXLAN ID（range）	
表项 1	10000~19999	0
表项 2	20000~29999	1
表项 3	30000~39999	2

NTD 转发表示例代码如下所示。

```
action fwd_tbl_action(ipv4_addr_t vtep_ip) {
    meta.vtep_ip = vtep_ip;
}


action_selector(HashAlgorithm.crc16, 32w16384, 32w14) as;

table fwd_tbl {
    key = {
        meta.vxlan_id : range;
        hdr.inner_ipv4.dst_addr : selector;
        hdr.inner_ipv4.src_addr : selector;
        hdr.inner_ipv4.protocol : selector;
        meta.inner_dst_port : selector;
        meta.inner_src_port : selector;
    }
    actions = {
        fwd_tbl_action;
    }
    implementation = as;
    size = 1024;
}
```

NTD 转发表（fwd_tbl）表项设计为 1024 个，即对同一功能的网关集群，可以按照一定的标准将多有租户划分为 1024 个不同的组。

```
action_selector(HashAlgorithm.crc16, 32w16384, 32w14) as;
```

设置 action selector 支持 16384 个 action profile member，哈希算法使用 crc16。NTD action profile group 表如表 6-5 所示。

表 6-5　NTD action profile group 表

action group index	action index
0	0
	1
	2
	3
	4
	5
	⋮
	16383
1	
2	

NTD action profile member 表的示例，如表 6-6 所示。

表 6-6　NTD action profile member 表

action index	action data
0	10.100.100.101
1	10.100.100.102
2	10.100.100.103
3	10.100.100.101
4	10.100.100.102
5	10.100.100.103
6	10.100.100.101
7	10.100.100.102
⋮	⋮
16383	10.100.102.101

（3）控制面设计。

假设图 6-16 中的网关设备 1（10.100.100.101）发生了故障，action profile member 表的配置需要及时修改，使用目前仍然健康的网关设备（10.100.100.102、10.100.100.103）均衡地替换 10.100.100.101，如表 6-7 所示。

表 6-7　NTD action group member 表删除网关设备 1

action index	action data
0	10.100.100.102
1	10.100.100.102
2	10.100.100.103

续表

action index	action data
3	10.100.100.103
4	10.100.100.102
5	10.100.100.103
6	10.100.100.102
7	10.100.100.102
8	10.100.100.103
⋮	⋮
10383	10.100.102.103

假设网关设备 1（10.100.100.101）修复了故障，可以重新上线，action profile member 表恢复到表 6-6 的配置即可。

> **注意：** 对于有状态网关，这种情况可能发生连接的中断。这个问题是网关集群部署模式的固有缺点，并不是分流器方案引入的，可以通过 session 同步等方案解决。

假设图 6-16 中的普通集群需要扩容一台网关设备，假设为 10.100.100.104，这时可以采取两种策略。

（1）新扩容的网关设备逐渐承载流量。这种策略适用于网关集群总负载仍在可控范围内的情况。

（2）新扩容的网关设备立即承载均分的流量。这种策略适用于网关集群总负载即将达到极限或者已经达到极限的情况。

NTD action profile member 表的更新由单独的组件完成，可以采取各种复杂的策略，但是需要保证每台 NTD 设备的配置是一致的。

假设采取策略（1），NTD action profile member 表可以分批次修改，例如可以将 10.100.100.104 承载的流量的百分比从 1/1024 分 8 次逐渐增加到 1/4。

假设采取策略（2），NTD action profile member 表可以一次性修改，表项内容如表 6-8 所示。

表 6-8　NTD action profile member 表增加一台设备

action index	action data
0	10.100.100.101
1	10.100.100.102
2	10.100.100.103
3	10.100.100.104
4	10.100.100.102
5	10.100.100.103

续表

action index	action data
6	10.100.100.101
7	10.100.100.104
8	10.100.100.103
⋮	⋮
16383	10.100.102.104

本节通过增加一个分流器设备，解决网关设备分集群的问题，以及在网关发生故障时 ECMP 路由引起的容量问题。当然增加一个新的网络设备，会给运维带来新的复杂度，并且会造成时延的增加，读者需要根据收益和代价做出合理的选择。

6.4 本章小结

本章首先介绍了 P4 项目立项需要考虑的问题，如何选择 P4 的硬件平台和软件平台，然后分别以虚拟路由器和分流器为例介绍了 P4 项目从设计到实现的大概过程。P4 项目既可以是一个从 0 到 1 的新项目，如分流器，也可以与现存的其他网络设备组成一个异构的报文处理平台，发挥各自的优势。希望本章介绍的是实际项目对读者有所启发和帮助。

参考文献

[1] MCKEOWN N, ANDERSON T, BALAKRISHNAN H, et al. OpenFlow: Enabling Innovation in Campus Networks[J/OL]. ACM SIGCOMM Computer Communication Review, 2008, 38（2）: 69-74[2023-12-22]. https://doi.org/10.1145/1355734.1355746.

[2] BOSSHART P, GIBB G, KIM H, et al. Forwarding metamorphosis: fast programmable match-action processing in hardware for SDN[J/OL]. Proceedings of the ACM SIGCOMM 2013 Conference on SIGCOMM, 2013: 99-110[2023-12-11]. https://doi.org/10.1145/2486001.2486011.

[3] MCKEOWN N. SDN Phase 3: Getting the humans out of the way[EB/OL]. [2023-12-23]. https://opennetworking.org/wp-content/uploads/2019/09/Connect-2019-Nick-McKeown.pdf.

[4] BOSSHART P, DALY D, GIBB G, et al. P4: Programming Protocol-Independent Packet Processors[J/OL]. ACM SIGCOMM Computer Communication Review, 2014, 44（3）: 87-95[2023-12-27]. https://doi.org/10.1145/2656877.2656890.

[5] JOSE L, YAN L, VARGHESE G, et al. Compiling Packet Programs to Reconfigurable Switch[J/OL]. Proceedings of the 12th USENIX Conference on Networked Systems Design and Implementation, 2015: 103-115[2023-12-27]. https://doi.org/10.1145/3426744.3431332.

[6] MIAO R, ZENG H, KIM C, et al. SilkRoad: Making Stateful Layer-4 Load Balancing Fast and Cheap Using Switching ASICs[J/OL]. Proceedings of the Conference of the ACM Special Interest Group on Data Communication, 2017:15-28[2023-12-17]. https://doi.org/10.1145/3098822.3098824.

[7] PAN T, YU N, JIA C, et al. Sailfish: Accelerating Cloud-Scale Multi-Tenant Multi-Service Gateways with Programmable Switches[J/OL]. Proceedings of the 2021 ACM SIGCOMM 2021 Conference, 2021: 194-206[2023-12-20]. https://doi.org/10.1145/3452296.3472889.

[8] BROADCOM. Broadcom switch SDK software enables rapid development and deployment[EB/OL]. （2022-09-21）[2023-12-23]. https://www.broadcom.com/blog/broadcom-switch-sdk-software.

[9] The P4.org Applications Working Group. In-band Network Telemetry（INT）Dataplane Specification Version 2.1[EB/OL]. （2020-11-11）[2023-12-23]. https://p4.org/p4-spec/docs/INT_v2_1.pdf.

[10] LI Y, MIAO R, LIU H H, et al. HPCC: High Precision Congestion Control[J/OL]. Proceedings of the ACM Special Interest Group on Data Communication, 2019: 44-58[2023-12-23]. https://doi.org/10.1145/3341302.3342085.

[11] WANG S, GAO K, QIAN K, et al. Predictable vFabric on informative data plane[J/OL]. Proceedings of the ACM SIGCOMM 2022 Conference, 2022: 615-632[2023-12-23]. https://

doi.org/10.1145/3544216.3544241.

[12] SAPIO A, CANINI M, HO C Y, et al. Scaling Distributed Machine Learning with In-Network Aggregation[J/OL]. Proceedings of the 18th USENIX Symposium on Networked Systems Design and Implementation, 2021:785-808[2023-12-28]. https://doi.org/10.48550/arXiv.1903.06701.

[13] JIN X, LI X, ZHANG H, et al. NetCache: Balancing Key-Value Stores with Fast In-Network Caching[J/OL]. Proceedings of the 26th Symposium on Operating Systems Principles, 2017: 121-136[2023-12-28]. https://doi.org/10.1145/3132747.3132764.

[14] WOODRUFF J, RAMANUJAM M, ZILBERMAN N, et al. P4DNS: In-Network DNS[J/OL]. 2019 ACM/IEEE Symposium on Architectures for Networking and Communications Systems, 2019: 1-6[2023-12-28]. https://doi.org/10.1109/ANCS.2019.8901896.

[15] HENNESSY J L, PATTERSON D A. A new golden age for computer architecture[J/OL]. Communications of the ACM, 2019, 62（2）: 48-60[2023-12-21]. https://doi.org/10.1145/3282307.

[16] The P4 Language Consortium. P416 Language Specification version 1.0.0[EB/OL].（2017-05-22）[2023-12-23]. https://p4.org/p4-spec/docs/P4-16-v1.0.0-spec.html.

[17] The P4 Language Consortium. P416 Language Specification version 1.2.3[EB/OL].（2022-07-11）[2023-12-23]. https://p4.org/p4-spec/docs/P4-16-v1.2.3.pdf.

[18] Apache License Version 2.0[EB/OL].（2004-01-01）[2023-12-23]. https://www.apache.org/licenses/LICENSE-2.0.txt.

[19] The P4.org Architecture Working Group. P416 Portable Switch Architecture（PSA）[EB/OL].（2021-04-02）[2023-12-23]. https://p4.org/p4-spec/docs/PSA.html.

[20] The P4 Language Consortium. P4 Portable NIC Architecture（PNA）[EB/OL].（2021-05-18）[2023-12-23]. https://p4.org/p4-spec/docs/PNA.html.

[21] DSC2-200 Distributed Services Card [EB/OL].（2024-07）[2023-12-23]. https://www.amd.com/system/files/documents/pensando-dsc-200-product-brief.pdf.

[22] Mount Evans [EB/OL].（2021-08-19）[2023-12-23]. https://download.intel.com/newsroom/2021/client-computing/intel-architecture-day-2021-presentation.pdf.

[23] The P4.org API Working Group. P4Runtime Specification [EB/OL].（2021-07-02）[2023-12-23]. https://p4.org/p4-spec/p4runtime/main/P4Runtime-Spec.html.

[24] WEI C, LI X, YANG Y, et al. Achelous: Enabling Programmability, Elasticity, and Reliability in Hyperscale Cloud Networks[J/OL]. Proceedings of the ACM SIGCOMM 2023 Conference, 2023: 769-782[2023-12-28]. https://doi.org/10.1145/3603269.3604859.

[25] SDNLAB. 百度王佩龙：云计算网络软硬件一体化协同实践 [EB/OL].（2022-05-24）[2023-12-23]. https://www.sdnlab.com/25760.html.

[26] OLTEANU V, AGACHE A, VOINESCU A, et al. Stateless datacenter load-balancing with beamer[J/OL]. Proceedings of the 15th USENIX Conference on Networked Systems Design and Implementation, 2018: 125-139[2023-12-26]. https://dl.acm.org/doi/10.5555/3307441.3307453.